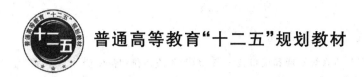

普通高等教育"十二五"规划教材

单片机原理及接口技术
实验教程

冯丽　刘超　编著

北京邮电大学出版社
www.buptpress.com

内 容 简 介

结合理论教学,编者编写了20个单片机系统扩展和接口技术、51单片机应用例程的实验。实验可以使学生较系统地掌握汇编语言、C语言的编程方法,掌握单片机的基本原理、接口和应用技术。熟悉单片机技术在工业控制中的应用,可以培养和锻炼学生动手操作和技术创新的能力,使学生能紧跟计算机技术的发展脚步,为将来从事工业领域相关工作,从事电子电器新产品设计开发,电子产品的检测和维护等工作奠定一定的基础。

本实验教程突出工程实践,突出Keil C51的集成开发环境与操作系统的应用,可作为单片机课程的教学实验用书,也可作为毕业设计、课程设计、课外科技活动、电子技术竞赛等实践活动的参考资料。可适应不同层次的读者选用,既可用作高等院校通信、电子信息类相关专业的实验实践类教材,也可作为单片机应用培训类教材,还可作为单片机爱好者的自学用书。

图书在版编目(CIP)数据

单片机原理及接口技术实验教程 / 冯丽,刘超编著. -- 北京:北京邮电大学出版社,2015.1
ISBN 978-7-5635-4220-8

Ⅰ. ①单… Ⅱ. ①冯…②刘… Ⅲ. ①单片微型计算机—基础理论—教材②单片微型计算机—接口技术—教材 Ⅳ. ①TP368.1

中国版本图书馆CIP数据核字(2014)第277514号

书　　　名:单片机原理及接口技术实验教程
著作责任者:冯　丽　刘　超　编著
责 任 编 辑:马晓仟
出 版 发 行:北京邮电大学出版社
社　　　址:北京市海淀区西土城路10号(邮编:100876)
发 行 部:电话:010-62282185　传真:010-62283578
E-mail:publish@bupt.edu.cn
经　　　销:各地新华书店
印　　　刷:北京联兴华印刷厂
开　　　本:787 mm×1 092 mm　1/16
印　　　张:13
字　　　数:338千字
版　　　次:2015年1月第1版　2015年1月第1次印刷

ISBN 978-7-5635-4220-8　　　　　　　　　　　　　　　　　　定价:28.00元

前　言

　　"单片机原理及接口技术"课程是普通高等院校电子信息类专业的必修课程,本实验教程配合"单片机原理及接口技术"课程的理论教学,共编写了 20 个实验。第一部分为 51 单片机硬件接口实验,共编写了 15 个实验,其中包括本实验系统的工具软件的安装及使用;单片机系统的扩展和接口技术。第二部分为 51 单片机的应用实验,共编写了 5 个实验。每个实验均为现实生产生活中常见的实例,旨在训练学生单片机技术综合应用的实践能力。

　　本实验教程结合理论教学,可以使学生较系统地掌握汇编语言、C 语言的编程方法,掌握单片机的基本原理、接口和应用技术。熟悉单片机技术在工业控制中的应用,可以培养和锻炼学生动手操作和技术创新的能力,使得学生能紧跟计算机技术的发展脚步,为将来从事工业领域相关工作,从事电子电器新产品设计开发,电子产品的检测和维护等工作奠定一定的基础。

　　本实验教程突出工程实践,突出 Keil C51 的集成开发环境与操作系统的应用,可作为单片机课程的教学实验用书,也可作为毕业设计、课程设计、课外科技活动、电子技术竞赛等实践活动的参考资料。

　　本书中的每个实验都包含详细的例程提供参考学习,每个实验均附有程序思考与练习、实验与思考,用于加深学生对程序的理解及学生自行检验对各实验内容的掌握情况。

编　者

目　　录

第一部分　51单片机硬件接口实验

第二部分　51单片机综合应用实验

第三部分　51单片机应用系统的设计与开发

第四部分　51单片机实验参考程序

第一部分

51 单片机硬件接口实验

实验 1　Keil、Proteus 软件使用及单片机 I/O 口应用实验

本实验首先介绍 Keil 和 Proteus 软件的使用方法,通过简单的 I/O 口应用实验,熟悉并掌握两款软件的使用方法,完成对 51 单片机的初步了解。

1.1　实验目的

1. 学习 Keil 和 Proteus 软件的使用方法及基本功能;
2. 了解 51 单片机 P0、P1、P2、P3 I/O 口的控制方式;
3. 熟悉 Keil 软件的编译环境与使用方法;
4. 掌握利用 Proteus 软件对 51 单片机系统的仿真方法;
5. 学会运用 I/O 口完成后期实验。

1.2　实验内容

1. Keil 软件的使用方法及基本功能

Keil 软件是美国 Keil Software 公司出品的 C 语言编程开发软件,支持众多不同公司的 MCS51 架构的芯片及 ARM 芯片,应用广泛。

Keil uVision4 的基本使用方法。

(1) 首先双击桌面上 Keil uVision4 应用程序的图标 ,将会出现如图 1-1 所示的启动界面和如图 1-2 所示的操作界面。

图 1-1　Keil uVision4 启动界面

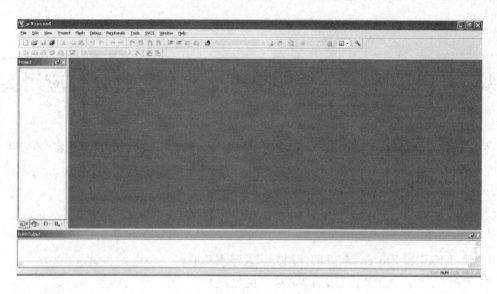

图 1-2　Keil uVision4 操作界面

（2）建立工程。

单击"Project→New uVision Project…"新建工程，界面如图 1-3 所示。

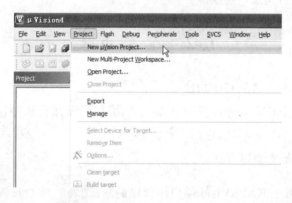

图 1-3　新建工程

（3）修改工程名称和保存路径，如图 1-4 所示。

图 1-4　修改文件名称和保存路径

（4）单击"保存"后，在弹出的 CPU 选择界面中，选择"Atmel"下的"AT89C51"或"AT89C52"，如图 1-5 所示。

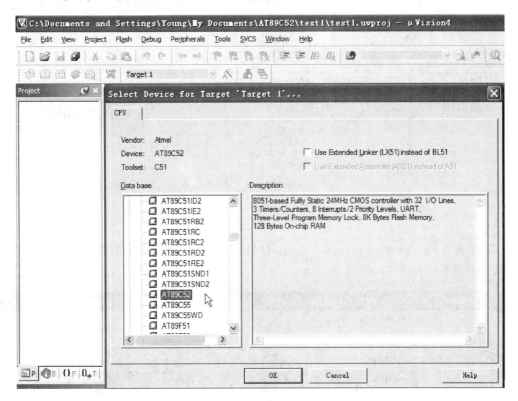

图 1-5　选择 CPU

（5）单击"OK"后，进行确定，建立工程成功，可以开始编程，单击"File→New…"先建立一个文本，如图 1-6 所示。

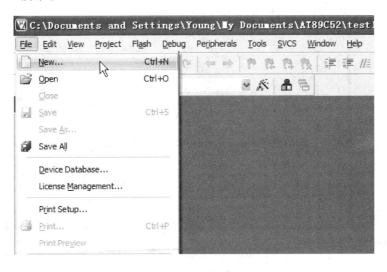

图 1-6　新建文本

（6）在文本中写入一个完整的 C 程序，以点亮一个 LED 灯程序为例，如图 1-7 所示。

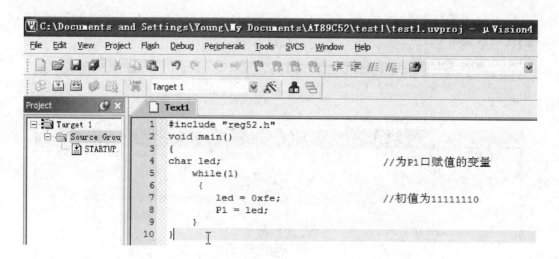

图 1-7　写入完整 C 程序

（7）单击"File→Save"保存文本，加入文件后缀，若是 C 语言程序后缀为"．C"，若是汇编语言程序后缀为"．ASM"，如图 1-8 所示。

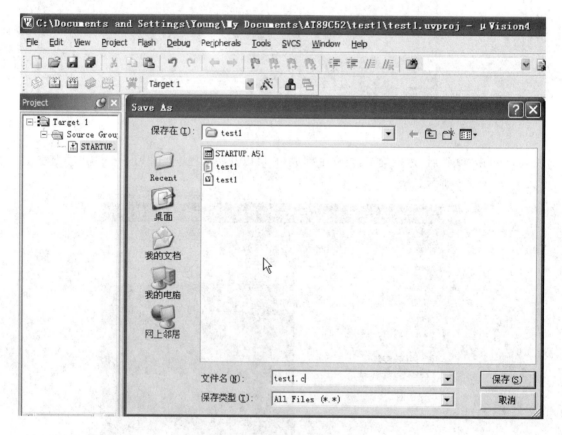

图 1-8　保存文本，加入文件后缀

（8）保存后，选中"Source Group 1"右击"Add Files to Group 'Source Group 1'…"将 C语言源文件添加到工程中，如图 1-9 所示。

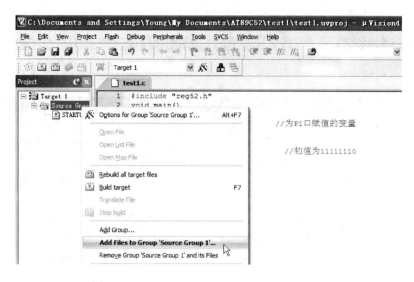

图1-9　添加源文件到工程中

添加后,工程组中就会出现".C"的程序源文件,如图1-10所示。

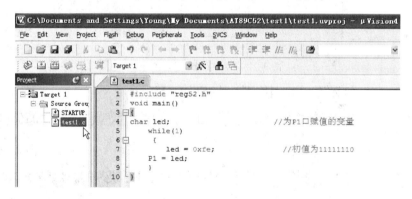

图1-10　添加成功

(9)单击"Project→Options for File 'test1.c'…",修改晶振和 hex 文件生成项的选择,如图1-11所示。

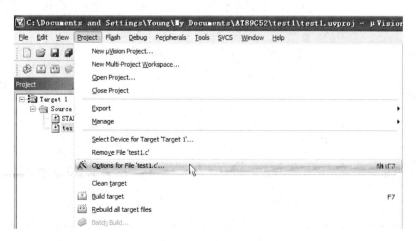

图1-11　编程选择界面

在弹出的窗口中选中"Target"栏,修改晶振 12 MHz,如图 1-12 所示。

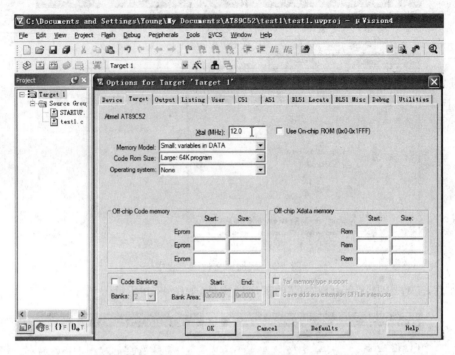

图 1-12　修改晶振为 12 MHz

在 Output 栏中,勾选"Create HEX File",如图 1-13 所示。

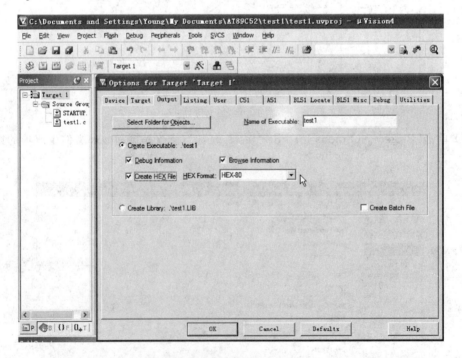

图 1-13　勾选 hex 文件生成项

(10) 工程创建和设置都已完成,进行程序的编译,单击"Translate"进行机器码的转换,如图1-14 所示;单击"Build"进行编译,如图 1-15 所示;再单击"Rebuild"生成.hex 文件,如图 1-16 所示。

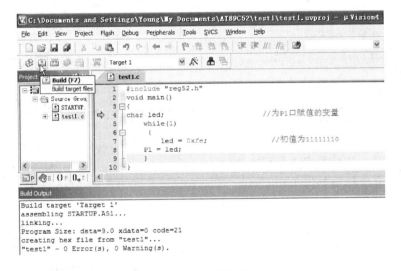

图 1-14　编译

图 1-15　编译结果

图 1-16　hex 文件的生成

可以看到工程文件夹中有三个重要文件生成，".uvproj"工程文件、".c"源程序文件、".hex"可执行文件，如图1-17所示。

图1-17　工程文件夹中的文件

2. Proteus 软件的使用方法及基本功能

Proteus仿真软件是英国Lab Center Electronics公司出版的EDA工具软件，除可以对EDA电路进行仿真外，还可以对单片机及外围组件进行仿真，Proteus中还配置了各种虚拟仪器，如示波器、电压表等，方便实验的仿真。此教程围绕Proteus 8 Professional进行实验。

Proteus 8 Professional的基本使用方法如下。

（1）首先双击桌面上Proteus 8 Professional应用程序的图标，将会出现如图1-18所示的启动界面和如图1-19所示的操作界面。

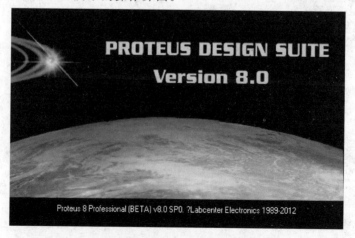

图1-18　启动界面

图 1-19　操作界面

（2）建立工程。单击"File→New Project"新建工程，界面如图 1-20 所示。

图 1-20　新建工程

（3）修改工程名称和保存路径，如图 1-21 所示。

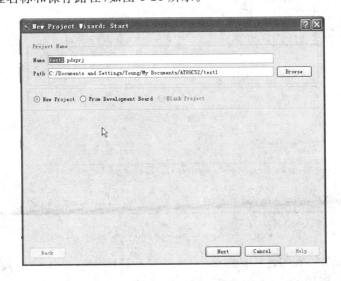

图 1-21　修改文件名称和保存路径

（4）单击"Next"后，在弹出的原理图模板选择界面中，选择"Create a schematic from the selected template"下的"DEFAULT"，创建一个默认的原理图模板，如图1-22所示。

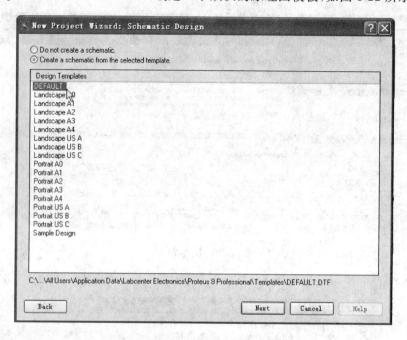

图1-22　创建一个默认的原理图模板

（5）单击"Next"后，在弹出的工程PCB模板选择界面中，选择"Create a PCB layout from the selected template"下的"DEFAULT"，创建一个默认的PCB模板，如图1-23所示。

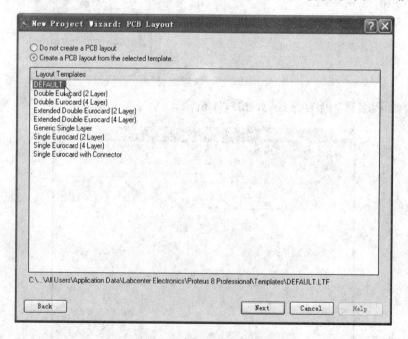

图1-23　创建一个默认的PCB模板

（6）单击"Next"后，在固件选择界面中，选择"No Firmware Project"，建立一个没有固件的工程，以便自定义固件，如图1-24所示。

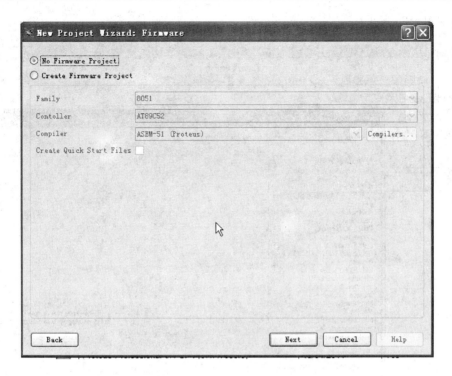

图 1-24 建立一个没有固件的工程

（7）单击"Finish"后，会出现一个建立好的空白工程界面，如图 1-25 所示。（Schematic Capture：原理图捕获界面；PCB Layout：电路板布局界面）

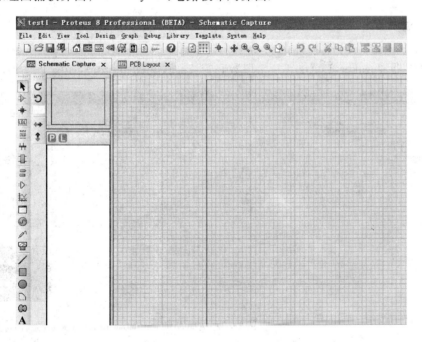

图 1-25 建立好的空白工程界面

（8）选择"Schematic Capture"原理图捕获界面进行原理图设计，在原理图捕获界面选择左侧工具栏中的"Component Mode"组件模式中单击"P"（Pick Devices 选择设备），选择需要的组件,如图 1-26 所示。

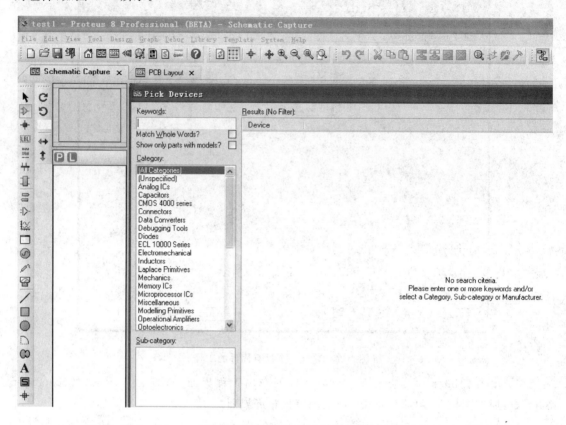

图 1-26　选择需要的组件

在搜索栏中输入组件名称进行查找(单片机:AT89C52,电阻:res,电容:cap,排阻:respack,蜂鸣器:speaker,LCD:LCD,7 段数码管:7seg,电机:motor),如图 1-27 所示。

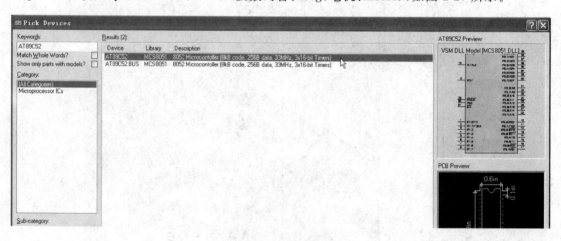

图 1-27　组件查找

(9) 找到相应组件后,单击"OK",将组件放置到原理图中的合适位置,如图 1-28 所示。

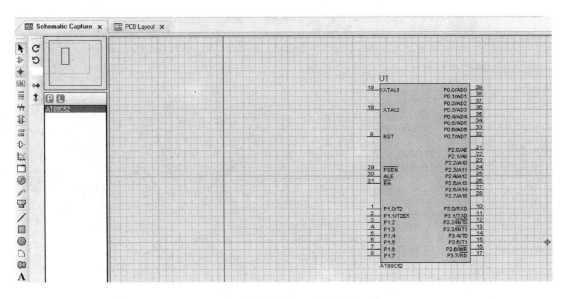

图1-28 将组件放置到原理图中的合适位置

(10) 设计好整个原理图后,进行仿真,双击"AT89C52单片机",再单击"Program File"项后面的文件夹图标,选择之前编译后生成的.hex文件,如图1-29所示。

图1-29 选择之前生成的.hex文件进行仿真

仿真结果,如图1-30所示。

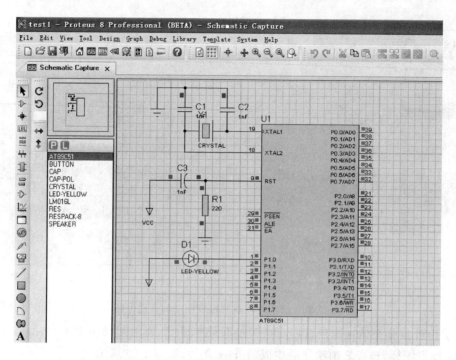

图 1-30　仿真结果

3. 单片机 I/O 口应用

实验步骤

单片机最小系统的 P2.7 接 LED 灯,接线图如图 1-31 所示。

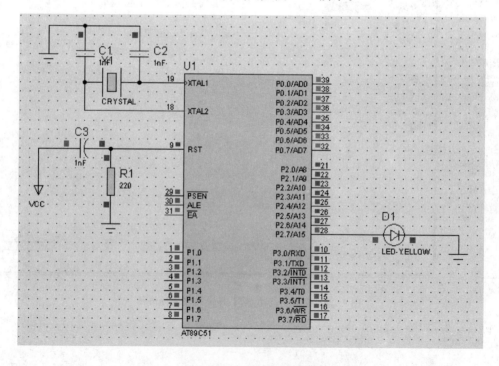

图 1-31　实验硬件接线图

程序设计

【例1】I/O 口应用程序

```
#include "reg52.h"
void main()
{
char led;                      //为 P1 口赋值的变量
    while(1)
    {
        led = 0x80;            //初值为 10000000,P2.7 口为高电平
        P2 = led;
    }
}
```

实验仿真结果如图 1-32 所示。

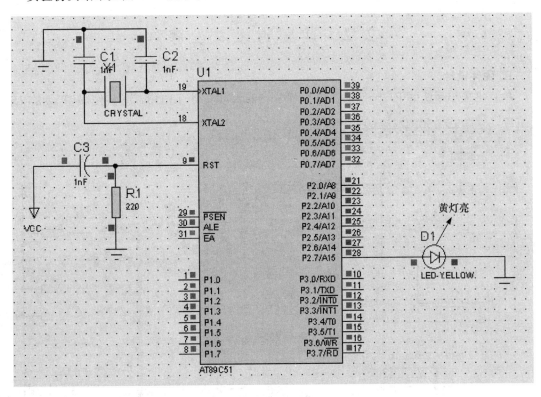

图 1-32　实验仿真结果

实验与思考

1. 通过本次实验的学习,掌握 Keil 和 Proteus 两款软件的使用方法。

2. 试改变程序和原理图,使 LED 灯低电平点亮。

实验 2　C 语言编程与汇编语言编程练习

2.1　实验目的

1. 学习 C 语言编程和汇编语言编程的基本语句和编程方法；
2. 了解 C 语言编程和汇编语言编程各自的特点及应用方法；
3. 掌握 C 语言编程和汇编语言编程的方法和技巧；
4. 灵活运用 C 语言和汇编语言混合编程方法及技巧。

2.2　实验内容及步骤

1. 硬件设计

单片机最小系统的 P1.0～P1.7 接 LED1～LED8 共 8 个 LED 灯, 接线图如图 1-33 所示。

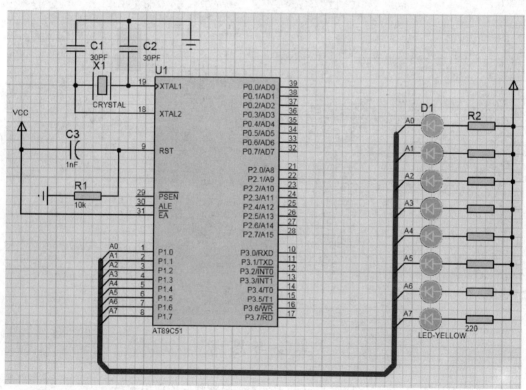

图 1-33　实验硬件接线图

2. 软件编程

程序设计的参考流程如图 1-34 所示。

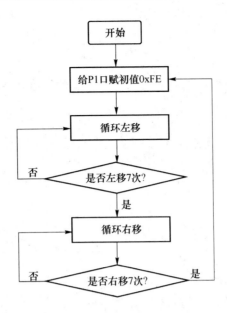

图 1-34 流水灯程序流程图

C 语言编程

【例 2-1】流水灯参考程序

```
# include <reg51.h>
# include <intrins.h>
# define   uchar unsigned char
void   delay_ms(uchar ms);                  //延时毫秒 12 MHz,最大值 255
void main()
{
uchar led;                                  //为 P1 口赋值的变量
    uchar i;                                //循环控制变量
    while(1)
    {
        led = 0xfe;                         //初值为 11111110
        for(i = 0; i < 7; i++)
        {
            P1 = led;                       //led 值送入 P1 口
            delay_ms(100);                  //延时 100 ms
            led = _crol_(led, 1);           //led 值循环左移 1 位
        }
        for(i = 0; i < 7; i++)
        {
            P1 = led;                       //led 值送入 P1 口
            delay_ms(100);                  //延时 100 ms
            led = _cror_(led, 1);           //led 值循环右移 1 位
```

```
        }
      }
    }
void delay_ms(uchar ms)          //延时函数,延时毫秒12 MHz,最大值255
{    uchar i;
    while(ms--)
    for(i = 0 ;i<124; i++);
}
```

实验仿真结果如图 1-35 所示。

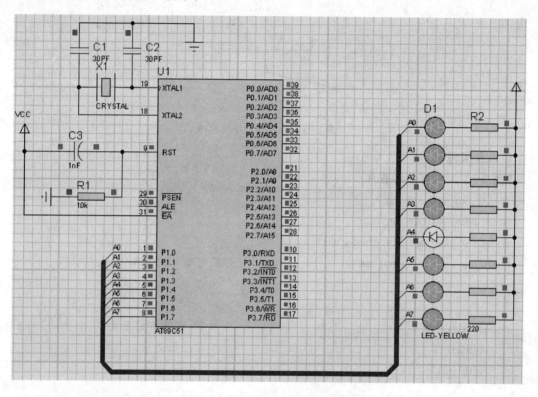

图 1-35　实验仿真结果

程序思考与练习

1. C 语言程序中控制 LED 灯左移的语句是哪句？右移的语句是哪句？

2. 修改程序,使流水灯的频率变快或变慢。

汇编语言编程

【例 2-2】流水灯参考程序

```
    ORG 0000H
    LJMP MAIN
    ORG 0030H
MAIN:  MOV A,#0FEH        ;初值11111110送入A
    MOV  30H,#7           ;30单元作计数器,初始为左移次数
LEFT:  MOV P1,A           ;A送入P1口(初始点亮P1.0)
```

```
       LCALL   DELAY          ;延时
       RL   A                 ;循环左移
       DJNZ  30H,LEFT         ;未够7次继续左移
       MOV  30H,#7            ;重置计数器,为右移次数
RIGHT:MOV P1,A                ;A送入P1口
       LCALL   DELAY          ;延时
       RR   A                 ;循环右移
       DJNZ  30H,RIGHT        ;未够7次继续右移
       AJMP  MAIN
DELAY:  MOV R5,#195           ;延时
C1: MOV R6,#255
       DJNZ  R6,$
       DJNZ  R5,C1
       RET
       END
```

实验仿真结果如图1-36所示。

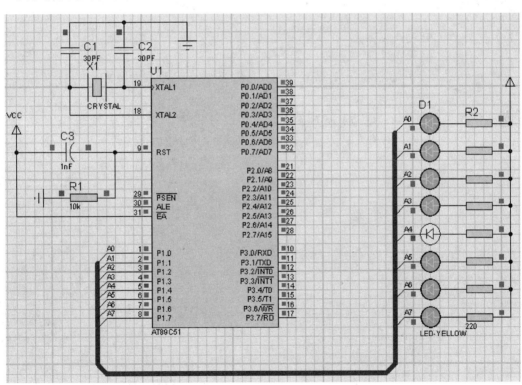

图1-36 实验仿真结果

程序思考与练习

1. 汇编语言程序中控制LED灯左移的语句是哪句？右移的语句是哪句？

2. 修改程序,使流水灯的频率变快或变慢。

实验与思考

试通过本次实验所练习的两种编程方法,完成独立按键控制 LED 灯的 C 语言程序和汇编语言程序。

编程思路:将单片机的一个引脚接独立按键,作为输入;另一个引脚接 LED 灯,作为输出,当单片机采集到按键的高低电平变化时,控制 LED 灯的亮灭。

实验 3　二进制加法、减法实验

3.1　实验目的

1. 回忆 C 语言中二进制加法、减法的逻辑运算方法；
2. 了解单片机二进制加法和减法的输出方式；
3. 掌握 C 语言编程方法及单片机 I/O 口控制方式。

3.2　实验内容及步骤

1. 硬件设计

单片机最小系统的 P1.0～P1.7 接 LED1～LED8 共 8 个 LED 灯，接线图如图 1-37 所示。

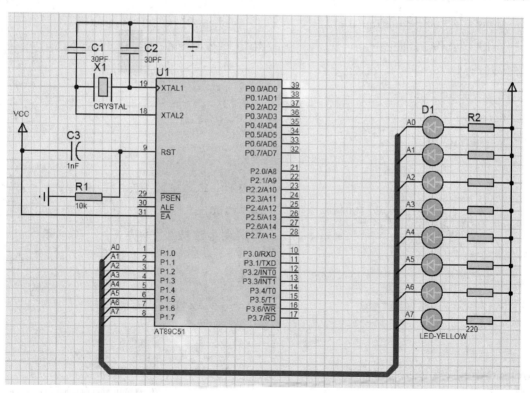

图 1-37　实验硬件接线图

2. 软件编程

二进制加法及减法程序设计的参考流程如图 1-38 和图 1-39 所示。

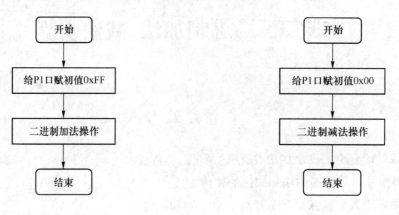

图 1-38　二进制加法程序流程图　　　　图 1-39　二进制减法程序流程图

二进制加法实验

【例 3-1】二进制加法参考程序

```
#include <reg51.h>
#include <intrins.h>
#define   uchar unsigned char
void   delay_ms(uchar ms);           //延时毫秒 12 MHz,最大值 255
void main()
{
uchar led = 0xFF;                    //为 P1 口赋初值
    while(1)
    {
        P1 = led;                    //初值为 11111111,全灭
            delay_ms(100);           //延时 100 ms
            led--;                   //二进制加法规律依次点亮
    }
}
void delay_ms(uchar ms)              //延时毫秒 12 MHz,最大值 255
{    uchar i;
    while(ms--)
    for(i = 0 ;i<124; i++);
}
```

实验仿真结果如图 1-40 所示。

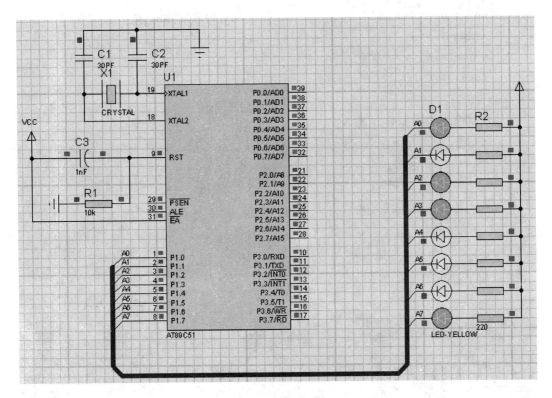

图 1-40 实验仿真结果

程序思考与练习

1. 二进制加法程序是如何实现加法操作的?

2. 修改程序,实现二进制每次加 2 的操作。

二进制减法实验

【例 3-2】二进制减法参考程序

```c
#include <reg51.h>
#include <intrins.h>
#define   uchar unsigned char
void   delay_ms(uchar ms);          //延时毫秒 12 MHz,最大值 255
void main()
{
uchar led = 0x00;                   //为 P1 口赋初值
    uchar i;                        //循环控制变量
    while(1)
    {
        P1 = led;                   //初值为 00000000,全亮
        delay_ms(100);              //延时 100 ms
        led++;                      //二进制减法规律依次熄灭
    }
}
```

```
void delay_ms(uchar ms)              //延时毫秒 12 MHz,最大值 255
{    uchar i;
     while(ms--)
     for(i = 0 ;i<124; i++);
}
```

实验仿真结果如图 1-41 所示。

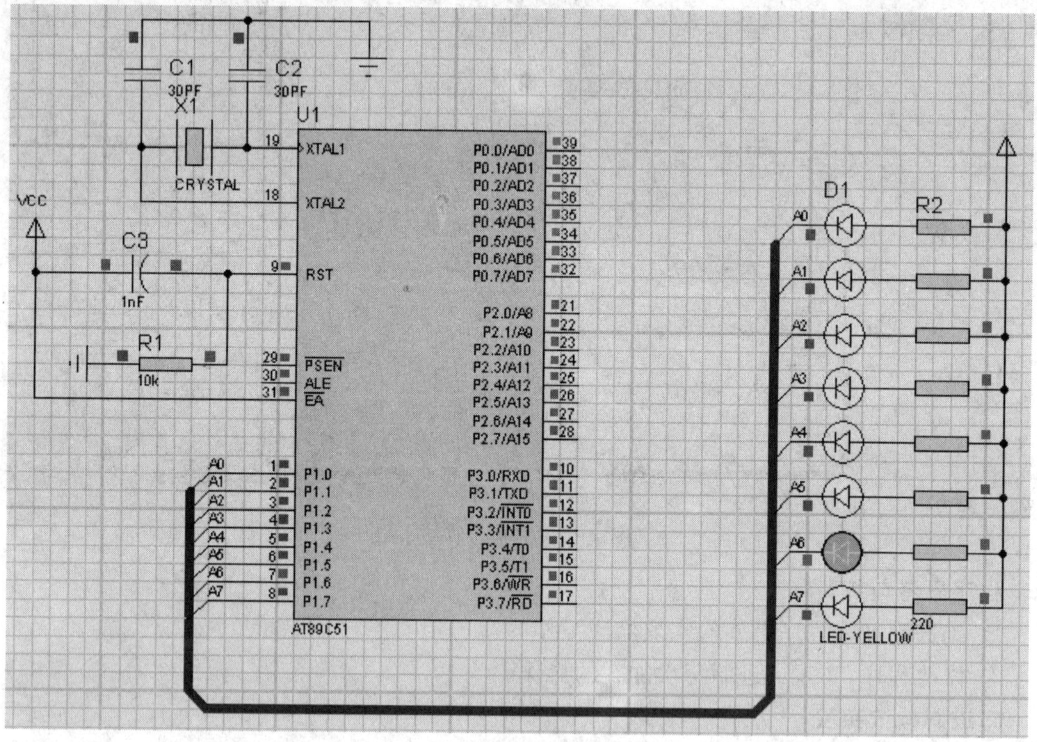

图 1-41　实验仿真结果

程序思考与练习

1. 二进制减法程序是如何实现减法操作的?

2. 修改程序,实现二进制每次减 2 的操作。

实验与思考

试通过本次实验所学习的程序,完成二进制加法后自动进行二进制减法操作的 C 语言程序。

编程思路:在二进制加法操作的基础上,直接使用变量值作为二进制减法的初始值,直接进行二进制减法操作。

实验 4　矩阵键盘实验

4.1　实验目的

1. 了解矩阵键盘在 51 单片机中的控制方式；
2. 掌握矩阵键盘的使用和控制方法；
3. 学会熟练使用行扫描或列扫描进行系统的控制。

4.2　实验内容及步骤

1. 硬件设计

（1）单片机最小系统的 P2.0～P2.3 接矩阵键盘 4 位列接口，P2.4～P2.7 接矩阵键盘 4 位行接口；

（2）P3.0～P3.6 接数码管 7 位段接口，接线图如图 1-42 所示。

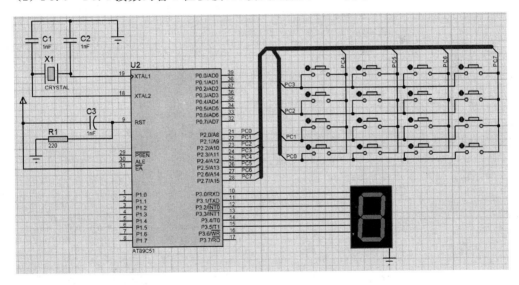

图 1-42　实验硬件接线图

2. 软件编程

【例 4-1】矩阵键盘参考程序

```
#include<reg51.h>
#include<intrins.h>
#include<absacc.h>
#define uchar unsigned char
#define uint unsigned int
```

```
uchar code a[16] = {0x3F,0x06,0x5B,0x4F,0x66,0x6D,0x7D,0x07,0x7F,0x6F,0x77,
                     0x7C,0x39,0x5E,0x79,0x71};
void delay(uint i)                            //延时程序
{uint j;
for(j = 0;j<i;j++);
}
uchar checkkey()                              //检测有没有键按下
{uchar i ;
 uchar j ;
 j = 0x0f;
 P2 = j;
 i = P2;
 i = i&0x0f;
 if (i == 0x0f) return (0);
   else return (0xff);
 }
uchar keyscan()                               //键盘扫描程序
{
    uchar scancode;
    uchar codevalue;
    uchar a;
    uchar m = 0;
    uchar k;
    uchar i,j;
    if (checkkey() == 0) return (0xff);
    else
    {delay(100);
    if (checkkey() == 0) return (0xff);
    else
    {
    scancode = 0xf7;m = 0x00;                  //键盘行扫描初值,m为列数
    for (i = 1;i<= 4;i++)
       {
            k = 0x10;
            P2 = scancode;
            a = P2;
            for (j = 0;j<4;j++)               //j为行数
            {
              if ((a&k) == 0)
              {
                codevalue = m + j;
                while (checkkey()!= 0);
```

```
                return (codevalue);
            }
            else    k = k<<1;
        }
        m = m + 4;
        scancode = ~scancode;                    //为 scancode 右移时,移入的数为 1
        scancode = scancode>>1;
        scancode = ~scancode;
    }
  }
}
void main()                                      //主函数
{
    int x;
    P3 = 0x00;
while(1)
    {
        if (checkkey() == 0x00) continue;
        else
          {
            x = keyscan();
            P3 = a[x];
            delay(100);
          }
    }
}
```

实验仿真结果如图 1-43 所示。

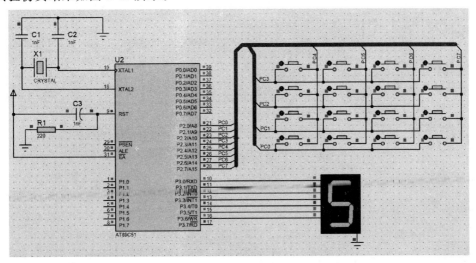

图 1-43　实验仿真结果

程序思考与练习

1. 单片机是如何对矩阵键盘进行扫描的,该程序扫描的方式是行扫描还是列扫描?

2. 修改程序,编写行扫描和列扫描两种方式的 C 语言程序。

实 验 与 思 考

试通过本次实验所学习的程序,完成用矩阵键盘控制 8 位 LED 灯左移、右移、加法、减法等的 C 语言程序。

编程思路:输入端通过扫描矩阵键盘的按键,控制另一组引脚所连接的 LED 灯相应位置的亮灭。

实验 5　中断应用实验

5.1　实验目的

1. 巩固单片机的中断优先级和 5 个中断的使用方法；
2. 学会如何开启和关闭中断，正确初始化中断；
3. 掌握中断的原理，巧用中断程序对事件进行处理。

5.2　实验内容及步骤

1. 硬件设计

（1）单片机最小系统的 P1.0～P1.7 接 LED1～LED8 共 8 个 LED 灯；

（2）P3.2 接拨码开关，接线图如图 1-44 所示。

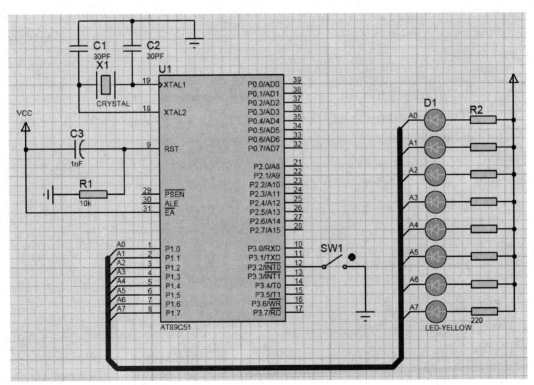

图 1-44　实验硬件接线图

2. 软件编程

【例 5-1】中断参考程序

```
#include<reg51.h>
#include<absacc.h>
#include<intrins.h>
#define  uint unsigned int
void initial();
void delay(uint N);
void main()                              //主函数
{
uint     i,dis_digit;
  initial();
  do
  {
    dis_digit = 0xfe;
    for(i = 0;i<8;i++)
    {
      P1 = dis_digit;
      delay(10000);
      dis_digit = _crol_(dis_digit,1); //调用_crol_()函数使 dis_digit 左移一位
    }
    dis_digit = 0xfe;
    for(i = 0;i<7;i++)
    {
      dis_digit = _cror_(dis_digit,1); //使 dis_digit 右移一位
      P1 = dis_digit;
      delay(10000);
    }
  }while(1);
}
void delay(uint N)                       //延时程序
{
  uint j = N;
  for(;j>0;j--);
  for(;j>0;j--);
  for(;j>0;j--);
}
void initial()                           //中断初始化函数
{
  IE = 0x81;
  IP = 0x01;
  TCON = 0x00;
```

```
}
void   int_0()   interrupt 0 using 0     //中断服务函数
{
   int   i,F = 0xAA;
   for(i = 0;i<10;i ++)
   {
     P1 = F;
     delay(20000);                    //调用延时程序
     F = ~F;                          //对 F 取反
   }
   for(i = 0;i<10;i ++)
   {
       P1 = F;
       delay(2000);
       F = ~F;
   }
   return;
}
```

实验仿真结果如图 1-45 所示。

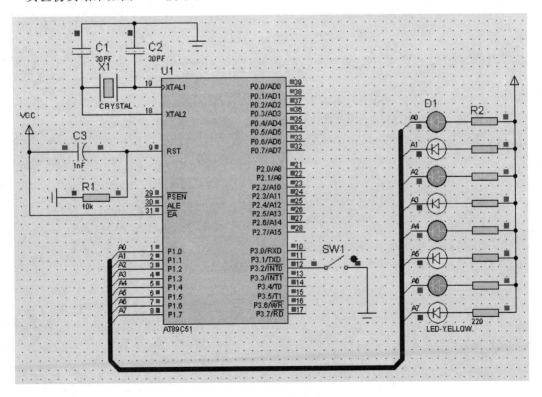

图 1-45　实验仿真结果

程序思考与练习

1. 单片机是如何控制外部中断的,该中断程序共用到了几级中断？它们具有什么功能,顺序是什么？

2. 修改程序,实现当按键按下时,8 位 LED 灯全亮后全灭的 C 语言程序。

实验与思考

试通过本次实验所学习的程序,完成用中断程序实现在未按下按键时左移后右移,当按下按键时二进制加法操作一次的 C 语言程序。

编程思路:参照中断程序,未扫描到中断时进行左移和右移,当有中断响应时,进行一次二进制加法操作。

实验 6　定时器实验

6.1　实验目的

1. 巩固中断应用中定时器中断的使用方法；
2. 学会正确开启和关闭中断，掌握定时器中断的初始化函数；
3. 掌握定时器中断的使用方法，巧用定时器完成系统实践。

6.2　实验内容及步骤

1. 硬件设计

定时器控制 LED 灯闪烁

单片机最小系统的 P1.3 接 LED 灯，接线图如图 1-46 所示。

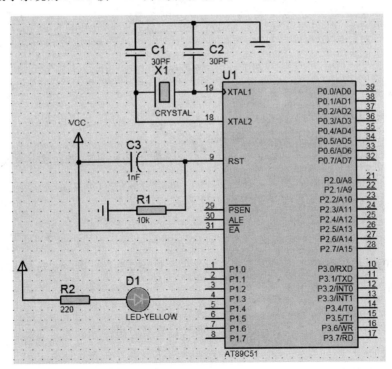

图 1-46　实验硬件接线图

定时器计时

（1）单片机最小系统的 P0.0～P0.7 接数码管 8 位段控制；

（2）P2.6、P2.7 接数码管 2 位位控制；

(3) P3.0 接按键,接线图如图 1-47 所示。

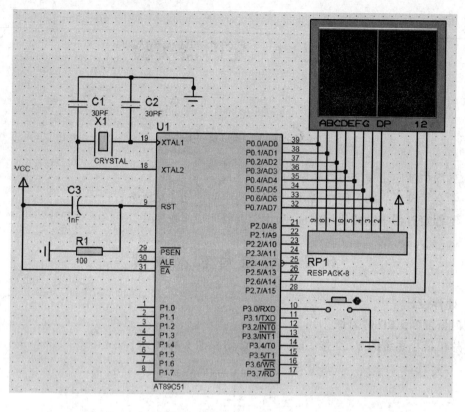

图 1-47　实验硬件接线图

2. 软件编程

定时器控制 LED 灯闪烁

【例 6-1】定时器控制 LED 灯闪烁参考程序

```
#include<reg52.h>     //包含头文件,头文件包含特殊功能寄存器的定义
sbit LED = P1^3;         //定义 LED 端口
void Init_Timer1(void) //定时器初始化子程序
{
TMOD |= 0x10; //使用模式 1,16 位定时器,使用"|"符号可以在使用多个定时器时不受影响
TH1 = 0x00;      //给定初值,这里使用定时器最大值从 0 开始计数一直到 65 535 溢出
TL1 = 0x00;
EA = 1;                      //总中断打开
ET1 = 1;                    //定时器中断打开
TR1 = 1;                    //定时器开关打开
}
main()                       //主程序
{
Init_Timer1();
while(1);
```

```
}
void Timer1_isr(void) interrupt 3 using 1                    //定时器中断子程序
{
    TH1 = 0x00;                          //重新赋值
    TL1 = 0x00;
    LED = ~LED;                          //LED 闪烁
}
```

实验仿真结果如图 1-48 所示。

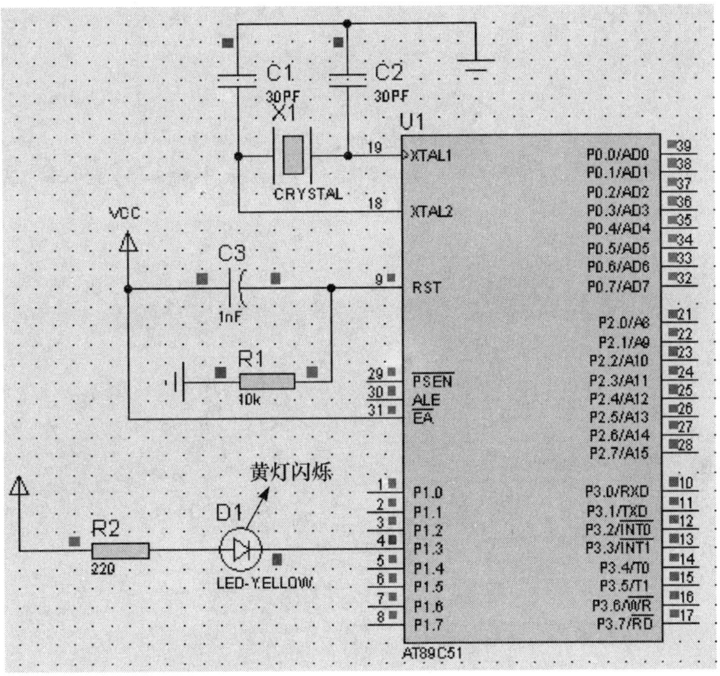

图 1-48　实验仿真结果

程序思考与练习

1. 单片机是如何控制定时器中断的,该定时器中断程序共用到了几级中断? 它们具有什么功能,顺序是什么?

2. 修改程序,实现将 LED 闪烁速度变快或变慢的 C 语言程序。

定时器计时

【例 6-2】定时器计时参考程序

```
#include<reg51.h>
#define uchar unsigned char
sbit   key = P3^0;
sbit   ge = P2^7;
sbit   shi = P2^6;
uchar   time = 0,count = 0;
uchar dis[] = {0xc0,0xf9,0xa4,0xb0,0x99,0x92,0x82,0xf8,0x80,0x90};
uchar code dis_dot[] = {0x40,0x79,0x24,0x30,0x19,0x12,0x02,0x78,0x00,0x10};
```

```
void delay(uchar N)                    //延时程序
{
  uchar i,j;
  for(i = 0;i<N;i++)
    for(j = 0;j<125;j++);
}
void display(void)                     //显示程序
{
  P0 = dis[time%10];                   //显示个位
  ge = 1;
  delay(3);
  ge = 0;
  P0 = dis_dot[time/10];               //显示十位
  shi = 1;
  delay(3);
  shi = 0;
}
void main()                            //主程序
{
  TMOD = 0x01;                         //定时器初始化
  TH0 = 0x3c;                          //定时 50 ms
  TL0 = 0xb0;
  IE = 0x82;
  while(1)
  {
    while(key == 1)                    //判断键是否按下
        display();                     //没按则调用显示
    TR0 = 1;                           //第一次按键,刚启动定时器
    EA = 1;
    while(key == 0)                    //等待按键抬起
        display();
    while(key == 1)                    //判断是否有第二次按键
        display();
        EA = 0;                        //第二次按键,则暂停计数
    while(key == 0);
        display();
    while(key == 1)                    //判断是否有第三次按键
        display();
        time = 0;
    while(key == 0)                    //第三次按键,则计数清零
```

```
        display( );
    }
}
void T0_time( ) interrupt 1                //中断程序
{
    count ++ ;
    if(count == 2)                         //是否计到 100 ms
        {
        time ++ ;                          //到 100 ms,则加 1
        count = 0;
        if(time == 99)                     //加到 99 时清零
            time = 0;
        }
    TH0 = 0x3c;
    TL0 = 0xb0;
}
```

实验仿真结果如图 1-49 所示。

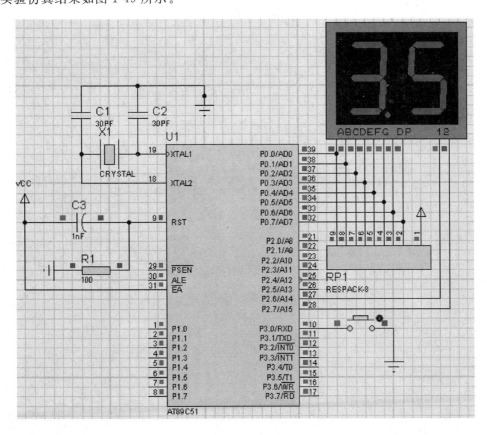

图 1-49　实验仿真结果

程序思考与练习

1. 单片机是如何控制外部中断的,该中断程序共用到了几级中断？它们具有什么功能,顺序是什么？

2. 修改程序,实现第二次按键暂停计数后,第三次按键继续计数,第四次按键清零的 C 语言程序。

实验与思考

试通过本次实验所学习的程序,完成用定时器中断实现四位数码管从 000 到 255 计数操作的 C 语言程序。

编程思路:参照定时器中断程序,将两位数码管改为四位数码管,加入百位数字的显示。

实验7 数码管显示实验

7.1 实验目的

1. 了解数码管的内部结构和控制方法；
2. 学会1位数码管显示程序和多位数码管显示程序的编写；
3. 掌握数码管段控制和位控制的原理，加深对数码管显示程序的理解。

7.2 实验内容及步骤

1. 硬件设计

1位数码管控制

（1）单片机最小系统的 P0.0～P0.6 接数码管；

（2）P2.7 接按键，接线图如图 1-50 所示。

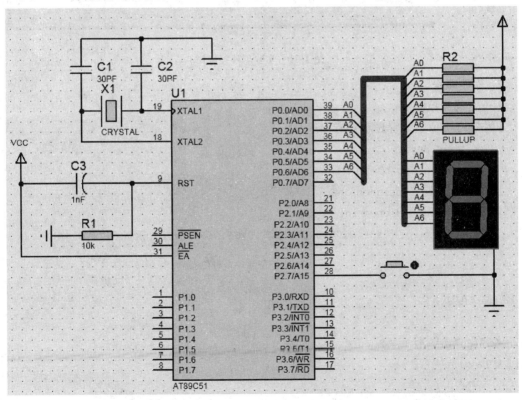

图 1-50　实验硬件接线图

多位数码管控制

（1）单片机最小系统的 P2.0～P2.7 接多位数码管 8 位段控制；

（2）P1.0～P1.7 接多位数码管 8 位位控制，接线图如图 1-51 所示。

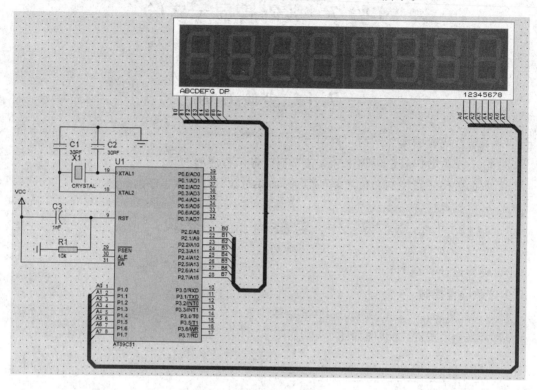

图 1-51　实验硬件接线图

2. 软件编程

1 位数码管控制

【例 7-1】1 位数码管显示参考程序

```c
#include<reg51.h>
#include<stdio.h>
#define uchar unsigned char
#define uint unsigned int
char code seg[] = {0x3F,0x06,0x5B,0x4F,0x66,0x6D,0x7D,0x07,0x7F,0x6F};
                                              //设段码
sbit key = P2^7;                              //设键码
void main()
{
uchar  i = 0,x;
uint  j = 50;
P0 = 0x3f;
    while(1)
    {
```

```
    if(key==0)
      {
      while(j--);
      x=seg[i];                              //取段码
      i=i+1;
      P0=x;
      if(i>9)
        i=0;
      }
    }
}
```

实验仿真结果如图 1-52 所示。

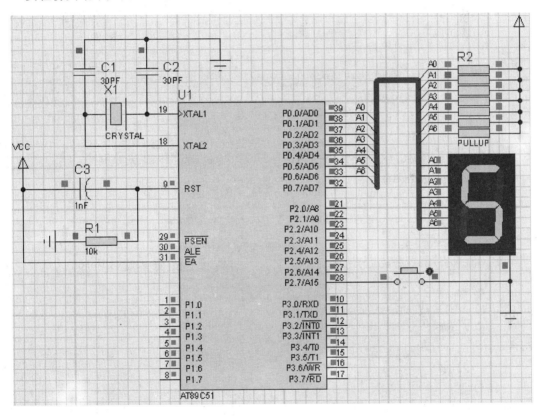

图 1-52 实验仿真结果

程序思考与练习

1. 单片机是如何控制数码管的,分析数码管显示的段码及每个段码控制的相应段。

2. 修改程序,实现按 16 次键,显示 0,1,2,3,4,5,6,7,8,9,A,B,C,D,E,F 的 C 语言程序。

多位数码管控制

【例 7-2】多位数码管显示参考程序

```
#include <reg51.h>
```

```
#include <intrins.h>              //包含_crol_()
void delayms(unsigned char ms);   //延时子程序
unsigned char data dis_digit;     //位选通值,传送到 P1 口用于选通当前数码管的
                                  //数值,如等于 0x01 时,选通 P1.0 口数码管
unsigned char code dis_code[11] = {0xC0,0xF9,0xA4,0xB0,0x99,0x92,0x82,0xF8,0xFF};
                                  //0,1,2,3,4,5,6,7,8
unsigned char data dis_index;     //用于标识当前显示的数码管和缓冲区的偏移量
void main()
{
    P2 = 0xff;                    //关闭所有数码管
    P1 = 0x00;
    dis_index = 0;                //当前偏移量为 0
    dis_digit = 0x01;             //选通 P1.0
    while(1)
    {
        P2 = dis_code[dis_index]; //段码送 P2 口
        P1 = dis_digit;           //位码送 P1 口
        delayms(1);
        P1 = 0x00;
        dis_digit = _crol_(dis_digit,1);//位选通左移,下次选通下一位
        dis_index++;
        dis_index &= 0x07;
    }
}
void delayms(unsigned char ms)            //延时子程序(晶振 12 MHz)
{
    unsigned char i;
    while(ms--)
    {
        for(i = 0; i < 120; i++);
    }
}
```

实验仿真结果如图 1-53 所示。

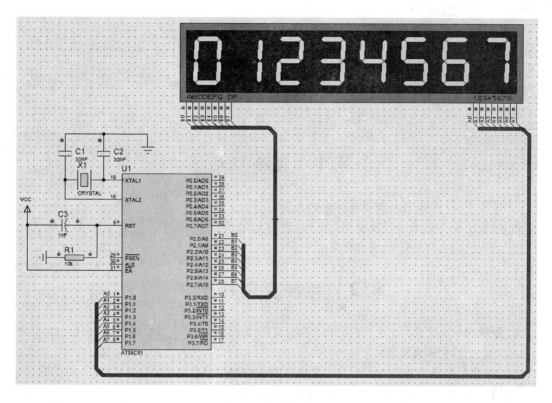

图 1-53 实验仿真结果

程序思考与练习

1. 单片机是如何控制多位数码管的,分析多位数码管显示的控制方法。

2. 修改程序,实现显示 0,1,2,3,4,5,6,7,8,9,A,B,C,D,E,F 的 C 语言程序。

实验与思考

试通过本次实验所学习的程序,完成多位数码管 0~F 交替显示的 C 语言程序。

编程思路:参照多位数码管显示程序,显示 0~7 后马上显示 8~F。

实验 8　点阵控制实验

8.1　实验目的

1. 了解 LED 点阵的工作原理及控制方法；
2. 掌握用单片机引脚直接驱动 LED 点阵的 C 语言程序；
3. 学会使用点阵行列扫描和数字显示。

8.2　实验内容及步骤

1. 硬件设计

点阵左右上下滚动显示

（1）单片机最小系统的 P0.0～P0.7 接点阵 8 位列控制；

（2）P3.0～P3.7 接点阵 8 位行控制，接线图如图 1-54 所示。

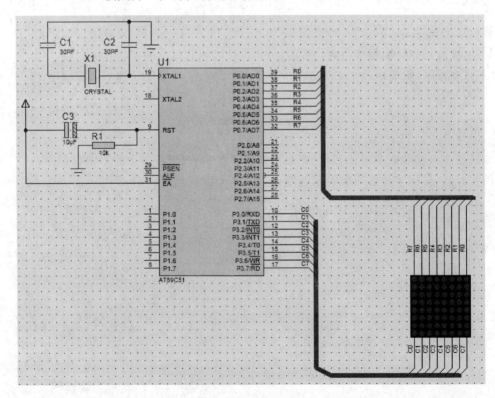

图 1-54　实验硬件接线图

点阵字体显示

(1) 单片机最小系统的 P3.0～P3.7 接点阵 8 位列控制；

(2) P1.0～P1.7 接点阵 8 位行控制，接线图如图 1-55 所示。

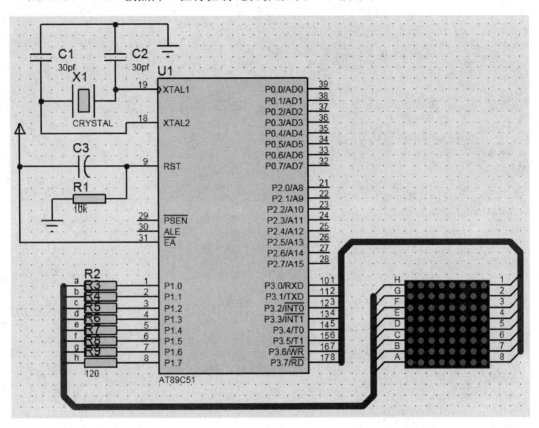

图 1-55　实验硬件接线图

2. 软件编程

点阵左右上下滚动显示

【例 8-1】点阵左右上下滚动显示参考程序

```c
#include <reg51.h>
unsigned char code taba[] = {0xfe,0xfd,0xfb,0xf7,0xef,0xdf,0xbf,0x7f};
unsigned char code tabb[] = {0x01,0x02,0x04,0x08,0x10,0x20,0x40,0x80};
void delay1(void)
{
    unsigned char i,j,k;
    for(k = 10;k>0;k--)
    for(i = 20;i>0;i--)
    for(j = 248;j>0;j--);
}
void main(void)
{
```

```
    unsigned char i,j;
    while(1)
    {
        for(j = 0;j<3;j++)//                        //自左至右三次
        {
            for(i = 0;i<8;i++)
            {
            P0 = taba[i];
            P3 = 0xff;
            delay1();
            }
        }
        for(j = 0;j<3;j++)//                        //自右至左三次
        {
            for(i = 0;i<8;i++)
            {
            P0 = taba[7-i];
            P3 = 0xff;
            delay1();
            }
        }
        for(j = 0;j<3;j++)//                        //自上至下三次
        {
            for(i = 0;i<8;i++)
            {
            P0 = 0x00;
            P3 = tabb[7-i];
            delay1();
            }
        }
        for(j = 0;j<3;j++)//                        //自下至上三次
        {
            for(i = 0;i<8;i++)
            {
            P0 = 0x00;
            P3 = tabb[i];
            delay1();
            }
        }
    }
```

实验仿真结果如图 1-56 所示。

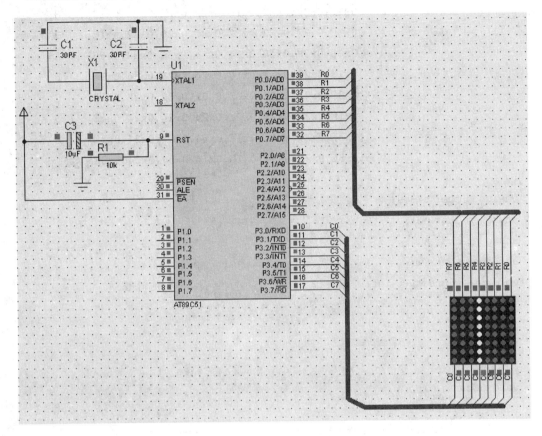

图 1-56 实验仿真结果

程序思考与练习

1. 单片机是如何控制 LED 点阵的,分析点阵行扫描和列扫描的控制方法。

2. 修改程序,实现显示自左上至右下、自右上至左下的斜线 C 语言程序。

点阵字体显示

【例 8-2】点阵字体显示参考程序

```
#include <reg51.h>
unsigned char code tab[] = {0x01,0x02,0x04,0x08,0x10,0x20,0x40,0x80};
unsigned char code digittab[16][8] =
                    {{0x1C,0x22,0x22,0x22,0x22,0x22,0x22,0x1C}, //0
                     {0x08,0x0C,0x08,0x08,0x08,0x08,0x08,0x1C}, //1
                     {0x1C,0x22,0x22,0x10,0x08,0x04,0x02,0x3E}, //2
                     {0x1C,0x22,0x20,0x18,0x20,0x20,0x22,0x1C}, //3
                     {0x10,0x18,0x14,0x14,0x12,0x3C,0x10,0x38}, //4
                     {0x3E,0x02,0x02,0x1E,0x20,0x20,0x22,0x1C}, //5
                     {0x1C,0x22,0x02,0x1E,0x22,0x22,0x22,0x1C}, //6
```

```
                          {0x3E,0x12,0x10,0x08,0x08,0x08,0x08,0x08}, //7
                          {0x1C,0x22,0x22,0x1C,0x22,0x22,0x22,0x1C}, //8
                          {0x1C,0x22,0x22,0x22,0x3C,0x20,0x22,0x1C}, //9
                          {0x08,0x08,0x18,0x14,0x14,0x3C,0x24,0x66}, //A
                          {0x1E,0x24,0x24,0x1C,0x24,0x24,0x24,0x1E}, //B
                          {0x3C,0x22,0x02,0x02,0x02,0x02,0x22,0x1C}, //C
                          {0x1E,0x24,0x24,0x24,0x24,0x24,0x24,0x1E}, //D
                          {0x3E,0x24,0x14,0x1C,0x14,0x04,0x24,0x3E}, //E
                          {0x3E,0x24,0x14,0x1C,0x14,0x04,0x04,0x0E}  //F
                          };
    unsigned char times;
    unsigned char col;
    unsigned char num;
    unsigned char tag;
    void delay(unsigned int i)              //延时程序
    {
    unsigned int j;
    for (j = 0;j<i; j++);
    }
    void main(void)
    {
        for(num = 0;num<16;num++)
        {
            for(times = 0;times<200;times++)
            {
                for(col = 0;col<8;col++)
                {
                    P3 = 0x00;
                    P1 = ~digittab[num][col];
                    P3 = tab[col];              //取列数码
                    delay(125);
                }
            }
        }
    }
```

实验仿真结果如图 1-57 所示。

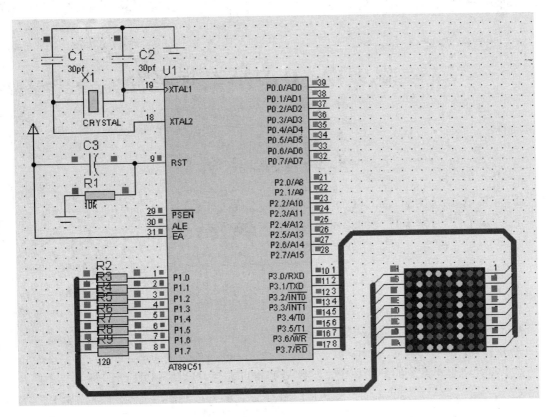

图 1-57　实验仿真结果

程序思考与练习

1. 单片机是如何控制 LED 点阵显示数字的,分析多位数码管显示的控制方法。

2. 修改程序,实现显示心形等自拟图案的 C 语言程序。

实验与思考

试通过本次实验所学习的程序,完成显示"电""子"及姓名的 C 语言程序。

编程思路:参照点阵字体显示程序,控制行和列,使相应位置 LED 点亮,实现汉字的显示。

实验 9 A/D、D/A 转换实验

9.1 实验目的

1. 了解 A/D 转换器 ADC0809 的工作原理和控制方式；
2. 了解 D/A 转换器 DAC0832 的工作原理和控制方式；
3. 掌握单片机控制 A/D、D/A 转换的方法。

9.2 实验内容及步骤

1. 硬件设计

A/D 转换

（1）单片机最小系统的 P0.0～P0.7 接 ADC0809 芯片 OUT1～OUT8；

（2）P3.0 接 ADC0809 芯片 START 脚，P3.1 接 OE 脚，P3.2 接 EOC 脚，P3.7 接 CLOCK 脚；

（3）P1.0～P1.3 接 7447 芯片 ABCD 脚，7447 芯片 QA～QG 接数码管 8 位段控制；

（4）P1.4～P1.7 接数码管 4 位位控制；

（5）7447 芯片 B1/RB0、RB1、LT 脚接高电平，接线图如图 1-58 所示。

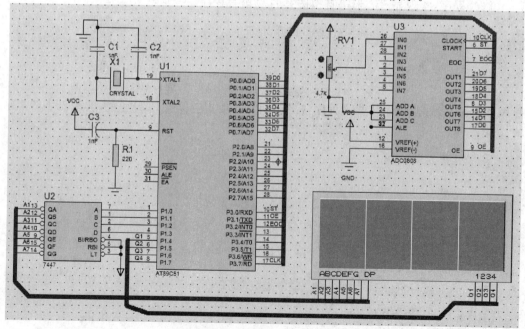

图 1-58 实验硬件接线图

D/A 转换

（1）单片机最小系统的 P0.0～P0.7 接 DAC0832 芯片 DI0—DI7 脚；

（2）DAC0832 芯片的 VREF、VCC、ILE 脚接高电平，WR2、XFER、CS 接地，GND 和 IOUT2 接模拟地，IOUT2 和 IOUT1 分别接 LM358N 的正、负输入端，RFB 接 LM358N 输出，并接到示波器 A 口；

（3）P2.7 接按键，接线图如图 1-59 所示。

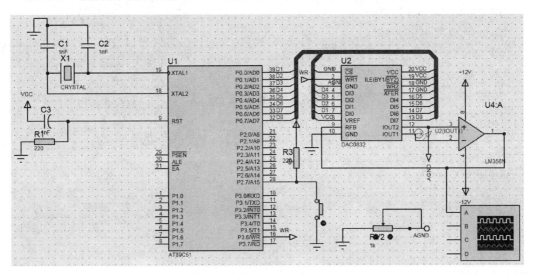

图 1-59　实验硬件接线图

2. 软件编程

A/D 转换

【例 9-1】A/D 转换参考程序

```
#include <reg51.H>
unsigned char code dispcode[4]={0x10,0x20,0x40,0x00};//LED 显示的控制代码
unsigned char temp;              //存储 ADC0809 转换后处理过程中的临时数值
unsigned char dispbuf[4];        //存储十进制值
sbit ST = P3^0;
sbit OE = P3^1;
sbit EOC = P3^2;
sbit CLK = P3^7;
unsigned char count = 0;         //LED 显示位控制
unsigned char getdata;           //ADC0809 转换后的数值
void delay(unsigned char m)      //延时
  { while(m--)
   {}
  }
void main(void)
{
```

```
ET0 = 1;
ET1 = 1;
EA = 1;
TMOD = 0x12;                        //T0 工作在模式 2,T1 工作在模式 1
TH0 = 216;
TL0 = 216;
TH1 = (65536-4000)/256;
TL1 = (65536-4000)%256;
TR1 = 1;
TR0 = 1;
while(1)
{ST = 0;
ST = 1;                             //产生启动转换的正脉冲信号
ST = 0;
while(EOC == 0)                     //等待转换结束
{;}
OE = 1;
getdata = P0;
OE = 0;
temp = getdata;                     //暂存转换结果
/ * 将转换结果转换为 10 进制数 * /
dispbuf[0] = getdata/100;
temp = temp-dispbuf[0] * 100;
dispbuf[1] = temp/10;
temp = temp-dispbuf[1] * 10;
dispbuf[2] = temp;
}
}
void T0X(void)interrupt 1 using 0
{
   CLK = ~CLK;
}
void T1X(void) interrupt 3 using 0
{
TH0 = (65536-4000)/256;
   TL0 = (65536-4000)%256;
     for(count = 0;count <= 3;count ++ )
       {P1 = dispbuf[count]|dispcode[count];        //输出显示控制代码
           delay(255);
       }
}
```

实验仿真结果如图 1-60 所示。

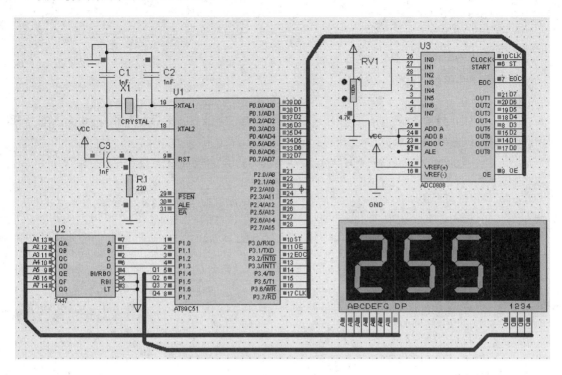

图 1-60 实验仿真结果

程序思考与练习

1. 单片机是如何控制 ADC0809 A/D 转换芯片的,分析 ADC0809 芯片的转换精度,最大和最小量程是多少?

2. 修改程序,加入一句 C 程序,实现显示当前电压值的 C 语言程序。

D/A 转换

【例 9-2】D/A 转换参考程序

```
# include <reg51.H>
# define step    4
unsigned char pdata DAC0832;                    //设 DAC0832 地址
unsigned char sindot[64] =
        {0x80,0x8c,0x98,0xa5,0xb0,0xbc,0xc7,0xd1,
        0xda,0xe2,0xea,0xf0,0xf6,0xfa,0xfd,0xff,
        0xff,0xff,0xfd,0xfa,0xf6,0xf0,0xea,0xe3,
        0xda,0xd1,0xc7,0xbc,0xb1,0xa5,0x99,0x8c,
        0x80,0x73,0x67,0x5b,0x4f,0x43,0x39,0x2e,
        0x25,0x1d,0x15,0xf,0x9,0x5,0x2,0x0,0x0,
        0x0,0x2,0x5,0x9,0xe,0x15,0x1c,0x25,0x2e,
        0x38,0x43,0x4e,0x5a,0x66,0x73};//正弦代码表
sbit K1 = P2^7;                                 //控制开关,
void delay(unsigned char m)                     //延时
```

```
{ unsigned char i;
    for(i = 0;i<m;i++);
}
void main(void)
{unsigned char k;
while(1)
  { if (K1 == 0)                //K1 为 1 时,输出锯齿波,K1 为 0 时,输出为正弦波
    {for(k = 0;k<64;)
      { DAC0832 = sindot[k];          //取正弦代码并输出
      k++;
      delay(1);
      }
    }
    else
    { for(k = 0;k<250;)              //锯齿波
      { DAC0832 = k;
      k += step;
          delay(1);
      }
    }
  }
}
```

实验仿真结果如图 1-61 所示。

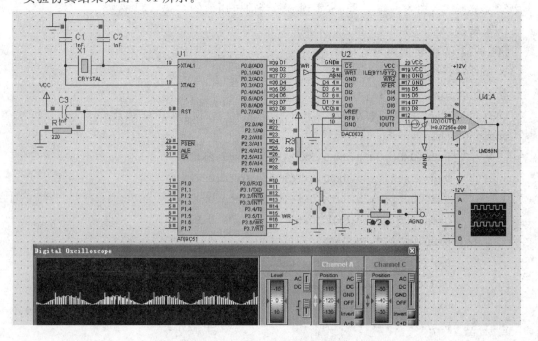

图 1-61   实验仿真结果

程序思考与练习

1. 单片机是如何控制 DAC0832 D/A 转换芯片的,分析 DAC0832 芯片的转换精度以及改变输出电压极性的方法。

2. 修改程序,实现不使用正弦代码输出正弦波的 C 语言程序。

实验与思考

试通过本次实验所学习的程序,完成简易电压表设计,能够输出电压值的 C 语言程序。

编程思路:参照 A/D 转换程序,将显示的量程变为当前电压的显示。

实验 10　串口通信实验

10.1　实验目的

1. 了解九针串口的内部结构和每针作用；
2. 学习设置串口的波特率，了解串口传输数据位、停止位和奇偶校验位；
3. 掌握单片机串口通信的控制方法。

10.2　实验内容及步骤

1. 硬件设计

(1) 单片机最小系统的 P1.0 接按键；

(2) P3.0 接串口的 RXD 位和单刀双掷开关的左侧分端，P3.1 接串口的 TXD 位和单刀双掷开关的右侧分端；

(3) 虚拟终端(VIRTUAL TERMINAL)的 RXD 脚接单刀双掷开关的总端，接线图如图 1-62 所示。

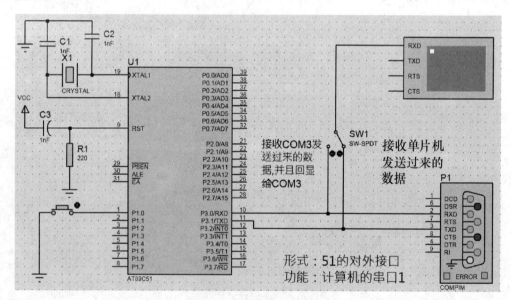

图 1-62　实验硬件接线图

2. 软件编程

【例 10】串口通信参考程序

```
# include <reg51.h>
# include <intrins.h>
```

```
unsigned char key_s, key_v, tmp;
char code str[] = "CCBUPT DianKe\n\r";
void send_int(void);
void send_str();
void delayms(unsigned char ms);
void send_char(unsigned char txd);
sbit   K1 = P1^0;
void main()
{
    send_int();
    TR1 = 1;                    //启动定时器1
    while(1)
    {
        if(K1 == 0)             //扫描按键
        {
            delayms(10);        //延时去抖动
            if(K1 == 0)         //再次扫描
            {
                send_str();
                delayms(100);   //保存键值
                                //键处理
            }
        }
        if(RI)                  //是否有数据到来
        {
            RI = 0;
            tmp = SBUF;         //暂存接收到的数据
            P0 = tmp;           //数据传送到P0口
            send_char(tmp);     //回传接收到的数据
        }
    }
}
void send_int(void)
{
    TMOD = 0x20;               //定时器1工作于8位自动重载模式,用于产生波特率
    TH1 = 0xF3;                //波特率2400
    TL1 = 0xF3;
    SCON = 0x50;               //设定串行口工作方式
    PCON& = 0xef;              //波特率不倍增
    IE = 0x0;                  //禁止任何中断
}
void send_char(unsigned char txd)       //传送一个字符
```

```
    {
        SBUF = txd;
        while(! TI);              //等特数据传送
        TI = 0;                   //清除数据传送标志
    }
    void send_str()              //传送字串
    {
        unsigned char i = 0;
        while(str[i] != '\0')
        {
            SBUF = str[i];
            while(! TI);          //等特数据传送
            TI = 0;               //清除数据传送标志
            i++;                  //下一个字符
        }
    }
    void delayms(unsigned char ms)//延时子程序
    {
        unsigned char i;
        while(ms--)
        {
            for(i = 0; i < 120; i++);
        }
    }
```

实验仿真结果如图 1-63 所示。

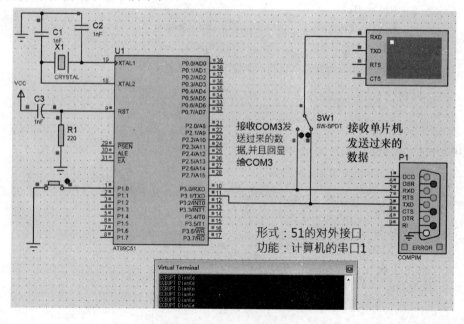

图 1-63 实验仿真结果

程序思考与练习

1. 单片机是如何向串口收发数据的,串口收发数据用到了九针串口的哪些针?

2. 修改程序,实现显示自拟内容的 C 语言程序。

实验与思考

　　试通过本次实验所学习的程序,完成改变串口波特率为 9 600,显示自拟内容的 C 语言程序。

　　编程思路:参照串口通信程序,修改波特率值及显示内容。

实验 11　蜂鸣器控制实验

11.1　实验目的

1. 了解有源蜂鸣器与无源蜂鸣器的区别；
2. 了解有源蜂鸣器的内部结构和控制方法；
3. 学习蜂鸣器发声的原理和声调控制；
4. 掌握蜂鸣器的驱动方法，能够熟练运用。

11.2　实验内容及步骤

1. 硬件设计

蜂鸣器简单发声

（1）单片机最小系统的 P0.7 接按键；

（2）P2.7 接蜂鸣器，接线图如图 1-64 所示。

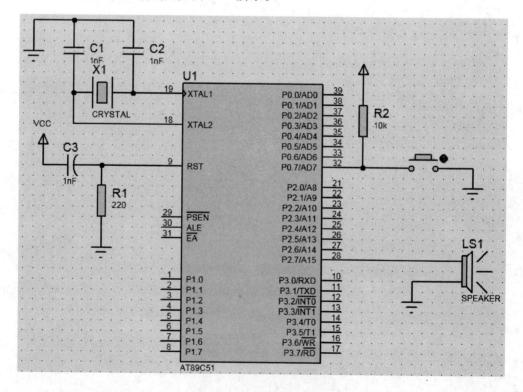

图 1-64　实验硬件接线图

蜂鸣器演奏歌曲

单片机最小系统的 P3.7 接蜂鸣器,接线图如图 1-65 所示。

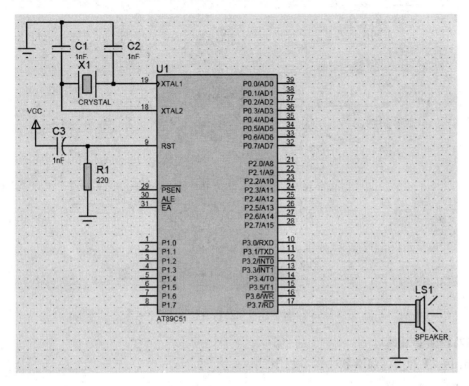

图 1-65　实验硬件接线图

2. 软件编程

蜂鸣器简单发声

【例 11-1】蜂鸣器简单发声参考程序

```
#include <reg51.h>
sbit BEEP = P2^7;              //定义蜂鸣器在 P2.7 脚上
sbit K1 = P0^7;               //定义按键在 P0.7 脚上
main()
{
    if(K1 == 1) BEEP = 0;     //当按键未按下,对应蜂鸣器管脚低电平不发声
    else     BEEP = 1;        //当按键按下,对应蜂鸣器管脚变高电平发声
}
```

实验仿真结果如图 1-66 所示。

程序思考与练习

1. 单片机是如何控制蜂鸣器发声的,有源蜂鸣器和无源蜂鸣器分别是靠单片机的什么信号发声?

2. 修改程序,加入一些语句,实现带有"滴、滴、滴"报警声音的 C 语言程序。

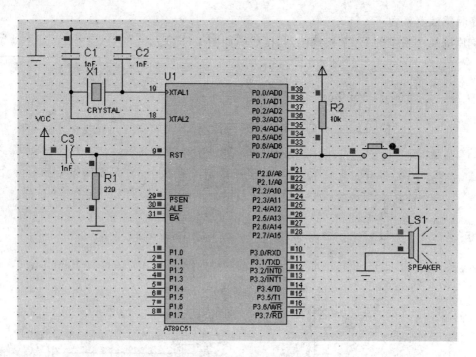

图 1-66　实验仿真结果

蜂鸣器演奏歌曲

【例 11-2】蜂鸣器演奏歌曲参考程序

```
#include <REG52.H>
#include "SoundPlay.h"
void Delay1ms(unsigned int count)
{
    unsigned int i,j;
    for(i=0;i<count;i++)
    for(j=0;j<120;j++);
}
//同一首歌
unsigned char code Music_Same[] = {
0x0F,0x01, 0x15,0x02, 0x16,0x02, 0x17,0x66, 0x18,0x03,
0x17,0x02, 0x15,0x02, 0x16,0x01, 0x15,0x02, 0x10,0x02,
0x15,0x00, 0x0F,0x01, 0x15,0x02, 0x16,0x02, 0x17,0x02,
0x17,0x03, 0x18,0x03, 0x19,0x02, 0x15,0x02, 0x18,0x66,
0x17,0x03, 0x19,0x02, 0x16,0x03, 0x17,0x03, 0x16,0x00,
0x17,0x01, 0x19,0x02, 0x1B,0x02, 0x1B,0x70, 0x1A,0x03,
0x1A,0x01, 0x19,0x02, 0x19,0x03, 0x1A,0x03, 0x1B,0x02,
0x1A,0x0D, 0x19,0x03, 0x17,0x00, 0x18,0x66, 0x18,0x03,
0x19,0x02, 0x1A,0x02, 0x19,0x0C, 0x18,0x0D, 0x17,0x03,
0x16,0x01, 0x11,0x02, 0x11,0x03, 0x10,0x03, 0x0F,0x0C,
```

```
0x10,0x02, 0x15,0x00, 0x1F,0x01, 0x1A,0x01, 0x18,0x66,
0x19,0x03, 0x1A,0x01, 0x1B,0x02, 0x1B,0x03, 0x1B,0x03,
0x1B,0x0C, 0x1A,0x0D, 0x19,0x03, 0x17,0x00, 0x1F,0x01,
0x1A,0x01, 0x18,0x66, 0x19,0x03, 0x1A,0x01, 0x10,0x02,
0x10,0x03, 0x10,0x03, 0x1A,0x0C, 0x18,0x0D, 0x17,0x03,
0x16,0x00, 0x0F,0x01, 0x15,0x02, 0x16,0x02, 0x17,0x70,
0x18,0x03, 0x17,0x02, 0x15,0x03, 0x15,0x03, 0x16,0x66,
0x16,0x03, 0x16,0x02, 0x16,0x03, 0x15,0x03, 0x10,0x02,
0x10,0x01, 0x11,0x01, 0x11,0x66, 0x10,0x03, 0x0F,0x0C,
0x1A,0x02, 0x19,0x02, 0x16,0x03, 0x16,0x03, 0x18,0x66,
0x18,0x03, 0x18,0x02, 0x17,0x03, 0x16,0x03, 0x19,0x00,
0x00,0x00 };
// ************************************************************
main()
{
    InitialSound();
    while(1)
    {
        Play(Music_Same,0,3,360);
        Delay1ms(500);
    }
}
```

实验仿真结果如图 1-67 所示。

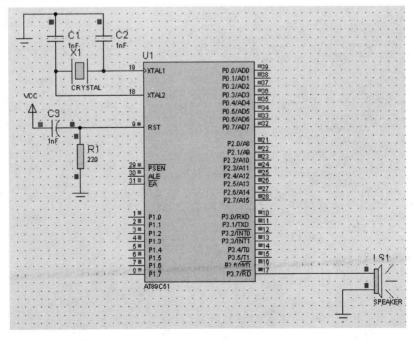

图 1-67　实验仿真结果

程序思考与练习

1. 单片机内部的哪些部件是计算音调的,工作方式是哪一种?
2. 修改程序,实现播放一首《北京欢迎你》歌曲的 C 语言程序。

实验与思考

试通过本次实验所学习的程序,完成加入矩阵按键,控制播放任意 4 首歌曲的 C 语言程序。

编程思路:参照蜂鸣器演奏歌曲程序,加入矩阵按键,当相应按键按下时播放相应歌曲。

实验 12 LCD1602 显示屏应用实验

12.1 实验目的

1. 了解 LCD1602 显示屏的工作原理和管脚功能；
2. 学习使用 LCD1602 显示屏显示字库；
3. 掌握 LCD1602 显示屏的控制方法。

12.2 实验内容及步骤

1. 硬件设计

（1）单片机最小系统的 P2.0～P2.3 接矩阵键盘 4 位列接口，P2.4～P2.7 接矩阵键盘 4 位行接口；

（2）P1.0～P1.7 接 LCD1602 显示屏 D0～D7，LCD1602 显示屏 VDD 接高电平，VSS、VEE 接地；

（3）P3.5、P3.6、P3.7 分别接 LCD1602 显示屏 RS、RW、E，接线图如图 1-68 所示。

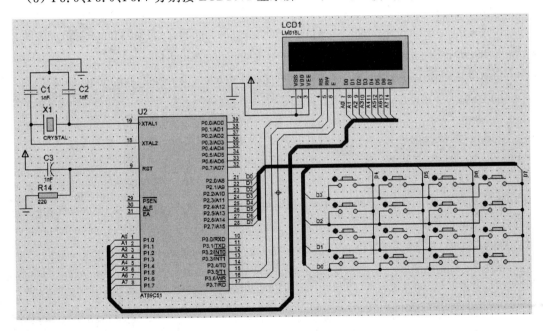

图 1-68 实验硬件接线图

2. 软件编程

【例 12】LCD1602 显示屏显示参考程序

```
#include"reg51.h"
#include"intrins.h"
#include"absacc.h"
sbit RS = P3^5;
sbit RW = P3^6;
sbit E = P3^7;
#define busy 0x80
#define uchar unsigned char
#define uint unsigned int
uchar a[] = {'0','1','2','3','4','5','6','7','8','9','a','b','c','d','e','f',};
void delay_LCM(uchar k)                //延时函数
{
    uint i,j;
    for(i = 0;i<k;i++)
    {
        for(j = 0;j<60;j++)
            {;}
    }
}
void test_1602busy()                   //测忙函数
{
    P1 = 0xff;
    E = 1;
    RS = 0;
    RW = 1;
    _nop_();
    _nop_();
    while(P1&busy)                     //检测 LCD busy 是否为 1
    { E = 0;
      _nop_();
      E = 1;
      _nop_();
    }
    E = 0;
}
void write_1602Command(uchar co)       //写命令函数
{
    test_1602busy();                   //检测 LCD 是否忙
    RS = 0;
    RW = 0;
```

```
    E = 0;
    _nop_();
    P1 = co;
    _nop_();
    E = 1;                                //LCD 的使能端 高电平有效
    _nop_();
    E = 0;
}
void write_1602Data(uchar Data)          //写数据函数
{
    test_1602busy();
    P1 = Data;
    RS = 1;
    RW = 0;
    E = 1;
    _nop_();
    E = 0;
}
void init_1602(void)                     //初始化函数
{
    write_1602Command(0x38);            //LCD 功能设定,DL = 1(8 位),N = 1(2 行显示)
    delay_LCM(5);
    write_1602Command(0x01);            //清除 LCD 的屏幕
    delay_LCM(5);
    write_1602Command(0x06);            //LCD 模式设定,I/D = 1(计数地址加 1)
    delay_LCM(5);
    write_1602Command(0x0F);            //显示屏幕
    delay_LCM(5);
}
void DisplayOneChar(uchar X,uchar Y,uchar DData)
{
    Y& = 1;
    X& = 15;
    if(Y)X| = 0x40;                      //若 y 为 1(显示第二行),地址码 + 0X40
    X| = 0x80;                           //指令码为地址码 + 0X80
    write_1602Command(X);
    write_1602Data(DData);
}
void display_1602(uchar * DData,X,Y)      //显示函数
{
```

```
    uchar ListLength = 0;
    Y& = 0x01;
    X& = 0x0f;
    while(X<16)
    {
        DisplayOneChar(X,Y,DData[ListLength]);
        ListLength ++ ;
        X ++ ;
    }
}
void delay(uint i)                          //延时程序
{uint j;
for (j = 0;j<i; j ++ );
}
uchar checkkey()                            //检测有没有键按下
{uchar i ;
 uchar j ;
 j = 0x0f;
 P2 = j;
 i = P2;
 i = i&0x0f;
 if   (i == 0x0f) return (0);
 else return (0xff);
}
uchar keyscan()                            //键盘扫描程序
{
uchar scancode;
uchar codevalue;
uchar a;
uchar m = 0;
uchar k;
uchar i,j;
 if (checkkey() == 0) return (0xff);
  else
   {delay(100);
    if (checkkey() == 0) return (0xff);
    else
    {
    scancode = 0xf7;m = 0x00;              //键盘行扫描初值,m 为列数
    for (i = 1;i< = 4;i ++ )
```

```
            {
            k = 0x10;
            P2 = scancode;
            a = P2;
            for (j = 0;j<4;j++)              //j 为行数
            {
                if ((a&k) == 0)
                {
                    codevalue = m + j;
                    while (checkkey()!= 0);
                    return (codevalue);
                }
                else   k = k<<1;
            }
            m = m + 4;
            scancode = ~scancode;           //为 scancode 右移时,移入的数为 1
            scancode = scancode>>1;
            scancode = ~scancode;
        }
    }
}
void main()                                 //主函数
{
uchar * s;
uchar z;
uchar i = 0,j = 0;                          //i 为 LCD 的行,j 为 LCD 的列
    delay_LCM(15);
    init_1602();                            //1602 初始化
    s = "CCBUPT DianKe!  ";
    display_1602(s,0,0);                    //第一行显示"CCBUPT DianKe!  "
    delay_LCM(200);
    delay_LCM(200);
    delay_LCM(200);
while(1)
    {
        if (checkkey() == 0x00) continue;
        else
        {
            {i = 1;                         //LCD 在第二行显示
```

```
                z = keyscan();
            if (j>=16)
                {j=0;i=1;break;}
                else
                DisplayOneChar(j,i,a[z]);j++;
                delay(100);
            }
        }
    }
}
```

实验仿真结果如图 1-69 所示。

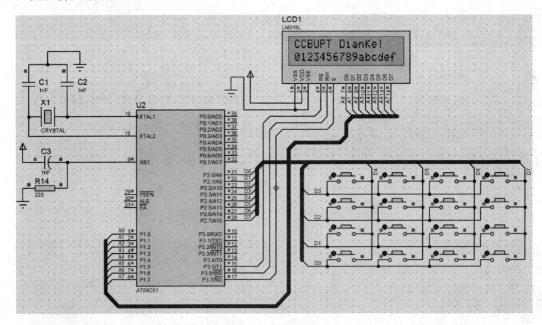

图 1-69   实验仿真结果

程序思考与练习

1. 单片机是如何控制 LCD1602 显示屏的,控制管脚和数据管脚的作用分别是什么,如何实现控制的?

2. 修改程序,实现任意汉字显示的 C 语言程序。

实验与思考

试通过本次实验所学习的程序,完成数码八音盒设计,编写当相应按键按下时,LCD1602显示歌曲名,蜂鸣器播放相应歌曲的 C 语言程序。

编程思路:将实验 11 随堂作业中的程序,加入 LCD1602 显示屏,显示歌曲名称。

实验 13 步进电机控制实验

13.1 实验目的

1. 了解步进电机的工作原理和正反转控制方式；
2. 学习控制步进电机正反转运行；
3. 掌握步进电机的控制方法，能够熟练运用。

13.2 实验内容及步骤

1. 硬件设计

（1）单片机最小系统的 P0.0～P0.7 接 LCD1602 显示屏 D0～D7，LCD1602 显示屏 VDD 接高电平，VSS、VEE 接地；

（2）P2.3、P2.4、P2.5 分别接 LCD1602 显示屏 RS、RW、E；

（3）P2.0～P2.2 分别接三个按键，P1.0～P1.3 接 ULN2003A 驱动芯片的 1B～4B 脚；

（4）ULN2003A 驱动芯片的 1C、2C 脚接电机正转，3C、4C 脚接电机反转，COM 脚接电机电源并接到 12 V，接线图如图 1-70 所示。

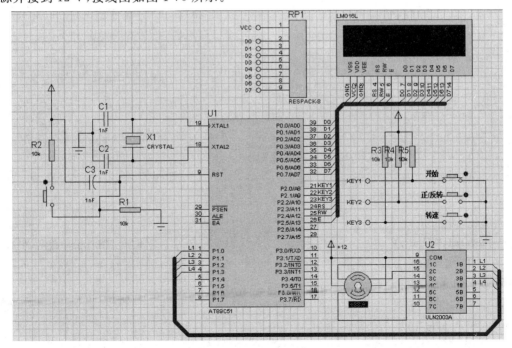

图 1-70 实验硬件接线图

2. 软件编程

【例 13】 步进电机驱动参考程序

```c
#include"reg51.h"
#include"intrins.h"
#include"absacc.h"
#define busy    0x80
#define uchar unsigned char
#define uint    unsigned int
sbit RS = P2^3;
sbit RW = P2^4;
sbit E = P2^5;
sbit KEY1 = P2^0;
sbit KEY2 = P2^1;
sbit KEY3 = P2^2;
uchar code tab[8] = {0x02,0x06,0x04,0x0c,0x08,0x09,0x01,0x03};//控制代码
uchar temp;
void delay(uchar k)                              //延时函数
{
    uint i,j;
    for(i = 0;i<k;i++)
    {
        for(j = 0;j<60;j++)
            {;}
    }
}
void test_1602busy()                             //测忙函数
{
    P0 = 0xff;
    E = 1;
    RS = 0;
    RW = 1;
    _nop_();
    _nop_();
    while(P0&busy)                               //检测 LCD busy 是否为 1
    {   E = 0;
        _nop_();
        E = 1;
        _nop_();
    }
    E = 0;
```

```
}
void write_1602Command(uchar co)              //写命令函数
{
    test_1602busy();                          //检测 LCD 是否忙
    RS = 0;
    RW = 0;
    E = 0;
    _nop_();
    P0 = co;
    _nop_();
    E = 1;                                    //LCD 的使能端 高电平有效
    _nop_();
    E = 0;
}
void write_1602Data(uchar Data)               //写数据函数
{
    test_1602busy();
    P0 = Data;
    RS = 1;
    RW = 0;
    E = 1;
    _nop_();
    E = 0;
}
void init_1602(void)                          //初始化函数
{
    write_1602Command(0x38);   //LCD 功能设定,DL=1(8 位),N=1(2 行显示)
    delay(5);
    write_1602Command(0x01);   //清除 LCD 的屏幕
    delay(5);
    write_1602Command(0x06);   //LCD 模式设定,I/D=1(计数地址加 1)
    delay(5);
    write_1602Command(0x0F);   //显示屏幕
    delay(5);
    write_1602Command(0x0c);   //消除光标
}
void DisplayOneChar(uchar X,uchar Y,uchar DData)
{
    Y& = 1;
    X& = 15;
```

```
        if(Y)X| = 0x40；          //若 y 为 1(显示第 2 行)，地址码 + 0X40
        X| = 0x80；               //指令码为地址码 + 0X80
        write_1602Command(X)；
        write_1602Data(DData)；
}
void display_1602(uchar  * DData,X,Y)//显示函数
{
    uchar ListLength = 0；
    Y& = 0x01；
    X& = 0x0f；
    while(X<16)
    {
        DisplayOneChar(X,Y,DData[ListLength])；
        ListLength ++ ；
        X ++ ；
    }
}
void main()
{
  uchar i = 0；
  uchar delay_v = 100；
  uchar flag = 0；
  P1 = 0xff；
  P2 = 0xff；
  init_1602()；
  display_1602("STA：    SPD：    ",0,0)；  //显示基本字符
  display_1602("     RUN：        ",0,1)；
  while(1)
  {
   if (KEY2 == 1) DisplayOneChar(4,0,'Z')；  //正反转显示
   else  DisplayOneChar(4,0,'F')；
   if (KEY3 == 0)
   {
     i ++ ；
     i = i % 3；
     while(KEY3 == 0)
     {；}
   }
    switch(i)
    {
```

```
          case 0: delay_v = 100;DisplayOneChar(13,0,´1´);break; //显示运行速度为 1
          case 1: delay_v = 75; DisplayOneChar(13,0,´2´);break; //显示运行速度为 2
          case 2: delay_v = 50; DisplayOneChar(13,0,´3´);break; //显示运行速度为 3
      }
    if (KEY1 = = 0)
    {
      display_1602("    RUN: on    ",0,1);              //显示运行
      if (flag = = 0)
      {
          if(KEY2 = = 1)                                //首次按键正转 9 度
          {temp = 0;
           P1 = tab[temp];
           flag = 1;
           delay(delay_v);
          }
      if(KEY2 = = 0)                                    //首次按键反转 9 度
          {temp = 6;
           P1 = tab[temp];
           flag = 1;
           delay(delay_v);
          }
      }
      if(KEY2 = = 1)                                    //正转
          {temp + + ;
           if (temp = = 8)                              //是否结束标志
           {temp = 0;}
           P1 = tab[temp];
           delay(delay_v);
          }
      if(KEY2 = = 0)                                    //反转
          {temp - - ;
           if (temp = = 0xff)                           //是否结束标志
           {temp = 7;}
           P1 = tab[temp];
           delay(delay_v);
          }
      }
    else  display_1602("    RUN: off    ",0,1);         //显示停
    }
}
```

实验仿真结果如图 1-71 所示。

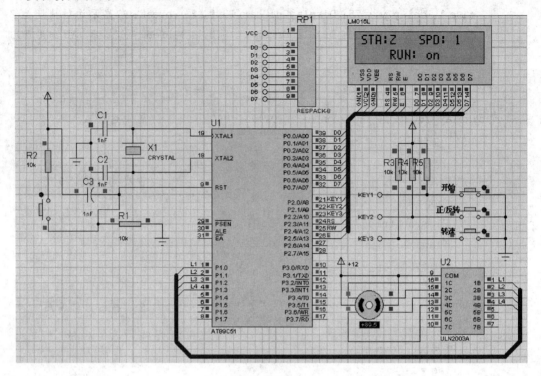

图 1-71　实验仿真结果

程序思考与练习

1. 单片机是如何控制步进电机的,如何控制步进电机的正反转?

2. 修改程序,实现加快步进电机转速的 C 语言程序。

实 验 与 思 考

试通过本次实验所学习的程序,完成转速可调步进电机(转速 1~5 级)的 C 语言程序。

编程思路:参照步进电机驱动程序,修改步进电机的转速控制,完成 5 级可调。

实验 14　DS18B20 温度传感器实验

14.1　实验目的

1. 了解 DS18B20 温度传感器的工作原理与管脚功能；
2. 学习 DS18B20 温度传感器的控制方法；
3. 掌握 DS18B20 温度传感器实时测温的驱动程序。

14.2　实验内容及步骤

1. 硬件设计

（1）单片机最小系统的 P1.0～P1.7 接 LCD1602 显示屏 D0～D7，LCD1602 显示屏 VDD 接高电平，VSS、VEE 接地；

（2）P3.5、P3.6、P3.7 分别接 LCD1602 显示屏 RS、RW、E；

（3）P2.0 接 DS18B20 芯片 DQ 脚，接线图如图 1-72 所示。

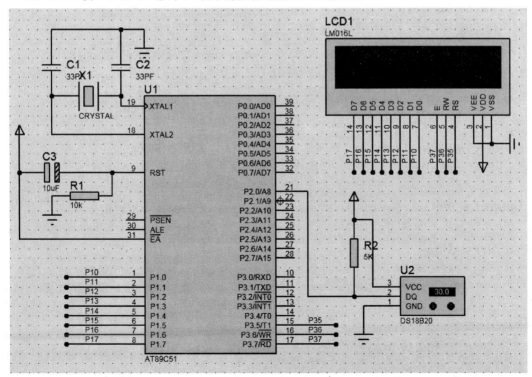

图 1-72　实验硬件接线图

2. 软件编程

【例 14】DS18B20 温度传感器驱动参考程序

```c
#include<reg51.h>
#include<intrins.h>
#include<absacc.h>
#define uchar unsigned char
#define uint unsigned int
sbit DQ      = P2^0;                        //定义 DS18B20 端口 DQ
sbit RS      = P3^5;
sbit RW      = P3^6;
sbit E       = P3^7;
uchar temp_data_l,temp_data_h;
uchar code LCDData[10] = {0x30,0x31,0x32,0x33,0x34,0x35,0x36,0x37,0x38,0x39};
uchar code ditab[16] = {0x30,0x31,0x31,0x32,0x33,0x33,0x34,0x34,0x35,0x36,
                        0x36,0x37,0x38,0x38,0x39,0x39};
uchar code table2[16] = {0x74,0x65,0x6d,0x70,0x65,0x72,0x61,0x74,0x75,0x72,
                        0x65,0x20,0x69,0x53,0x20,0x3a};
uchar    display[7] = {0x00,0x00,0x00,0x2e,0x00,0xdf,0x43};
void delay(uint N)
{
  uint i;
  for(i = 0;i<N;i++);
}
bit resetpulse(void)                        //DS18B20 复位程序
{
    DQ = 0;
    delay(40);                              //延时 500 us
    DQ = 1;
    delay(4);                               //延时 60 us
    return(DQ);
}
void ds18b20_init(void)                     //DS18B20 初始化程序
{
    while(1)
    {
        if(! resetpulse())                  //收到 DS18B20 的应答信号
        {
            DQ = 1;
            delay(40);                      //延时 240 us
            break;
        }
        else
```

```
        resetpulse();                    //否则再发复位信号
    }
}
uchar read_bit(void)                     //读一位程序
{
  DQ = 0;
  _nop_();
  _nop_();
  DQ = 1;
  delay(2);
  return(DQ);
}
uchar read_byte(void)                    //读一个字节程序
{
  uchar i,shift,temp;
  shift = 1;
  temp = 0;
  for(i = 0;i<8;i++)
  {
    if(read_bit())
    {
    temp = temp + (shift<<i);
    }
    delay(7);
  }
  return(temp);
}
void write_bit(uchar temp)               //写一位程序
{
  DQ = 0;
  if(temp == 1)
  DQ = 1;
  delay(5);
  DQ = 1;
}
void write_byte(uchar val)               //向 DS18B20 写一个字节命令程序
{
  uchar i,temp;
  for(i = 0;i<8;i++)
  {
  temp = val>>i;
  temp = temp&0x01;
```

```
    write_bit(temp);
    delay(5);
    }
}
void read_T(void)                        //启动温度转换及读出温度值
{
    ds18b20_init();
    write_byte(0xCC);                    //跳过读序号列号的操作
    write_byte(0x44);                    //启动温度转换
    delay(500);
    ds18b20_init();
    write_byte(0xCC);                    //跳过读序号列号的操作
    write_byte(0xBE);                    //读取温度寄存器
    temp_data_l = read_byte();           //温度低8位
    temp_data_h = read_byte();           //温度高8位
}
void check_busy(void)                    //判断LCD忙程序
{
    while(1)
    {
    P1 = 0xff;
    E = 0;
    _nop_();
    RS = 0;
    _nop_();
    _nop_();
    RW = 1;
    _nop_();
    _nop_();
    E = 1;
    _nop_();
    _nop_();
    _nop_();
    _nop_();
    if((P1&0x80) = = 0)
    {
        break;

    }
    E = 0;
    }
}
```

```
void write_command(uchar tempdata)          //将数据码写入 LCD 数据寄存器
{
    E = 0;
    _nop_();
    _nop_();
    RS = 0;
    _nop_();
    _nop_();
    RW = 0;
    P1 = tempdata;
    _nop_();
    _nop_();
    E = 1;
    _nop_();
    _nop_();
    E = 0;
    _nop_();
    check_busy();
}
void write_data(uchar tempdata)             //写 LCD1602 使能程序
{
    E = 0;
    _nop_();
    _nop_();
    RS = 1;
    _nop_();
    _nop_();
    RW = 0;
    P1 = tempdata;
    _nop_();
    _nop_();
    E = 1;
    _nop_();
    _nop_();
    E = 0;
    _nop_();
    check_busy();
}
void convert_T()                            //温度处理及显示程序
{
    uchar temp;
    if((temp_data_h&0xf0) == 0xf0)
```

```
        {
            temp_data_l = ~temp_data_l;
            if(temp_data_l == 0xff)
              {
                temp_data_l = temp_data_l + 0x01;
                temp_data_h = ~temp_data_h;
                temp_data_h = temp_data_h + 0x01;
              }
            else
              {
                temp_data_l = temp_data_l + 0x01;
                temp_data_h = ~temp_data_h;
              }
                display[4] = ditab[temp_data_l&0x0f];   //查表得小数位的值
                temp = ((temp_data_l&0xf0)>>4)|((temp_data_h&0x0f)<<4);
                display[0] = 0x2d;
                display[1] = LCDData[(temp%100)/10];
                display[2] = LCDData[(temp%100)%10];
        }
    else
        {
                display[4] = ditab[temp_data_l&0x0f];   //查表得小数位的值
                temp = ((temp_data_l&0xf0)>>4)|((temp_data_h&0x0f)<<4);
                display[0] = LCDData[temp/100];
                display[1] = LCDData[(temp%100)/10];
                display[2] = LCDData[(temp%100)%10];
        }
}
void init()                                    //初始化 LCD1602
{
write_command(0x01);
write_command(0x38);
write_command(0x0C);
write_command(0x06);
}
void display_T(void)                           //显示子程序
{
  uchar i;
  write_command(0x80);
  for(i = 0;i<16;i++)
```

```
  {
    write_data(table2[i]);
  }
  write_command(0xc0);
  for(i = 0;i<7;i++)
  {
    write_data(display[i]);
  }
}
void main(void)                                    //主函数
{
  init();
  while(1)
  {
    read_T();
    convert_T();
    display_T();
  }
}
```

实验仿真结果如图 1-73 所示。

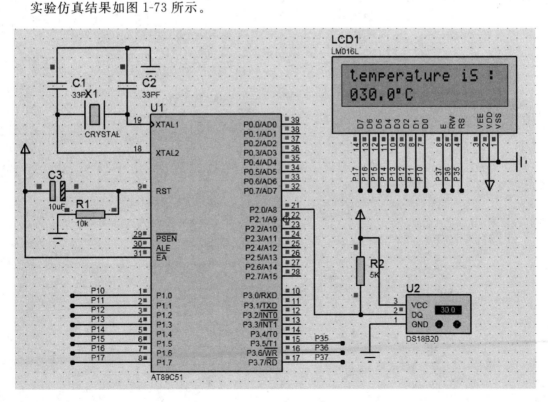

图 1-73 实验仿真结果

程序思考与练习

1. 单片机是如何控制 DS18B20 温度传感器的，DS18B20 温度传感器的复位温度是多少？
2. 修改程序，实现可随时使 DS18B20 温度传感器复位的 C 语言程序。

实验与思考

试通过本次实验所学习的程序，完成温度监测报警系统设计，温度到达 30 ℃时报警的 C 语言程序。

编程思路：参照 DS18B20 温度传感器驱动程序，加入蜂鸣器，当温度超过 30 ℃时进行报警操作。

实验 15 三键控制可调时钟实验

15.1 实验目的

1. 了解 DS1302 时钟芯片的工作原理与管脚功能；
2. 学习 DS1302 时钟芯片的控制方法；
3. 掌握用 DS1302 时钟芯片设计时钟的程序。

15.2 实验内容及步骤

1. 硬件设计

（1）单片机最小系统的 P1.0～P1.7 接 LCD1602 显示屏 D0～D7，LCD1602 显示屏 VDD 接高电平，VSS、VEE 接地；

（2）P3.5、P3.6、P3.7 分别接 LCD1602 显示屏 RS、RW、E；

（3）P2.4～P2.6 分别接 3 个按键，P2.0～P2.2 分别接 DS1302 芯片 $\overline{\text{RST}}$、SCLK、I/O 脚；

（4）DS1302 芯片 X1、X2 之间接晶振，VCC1、VCC2 接高电平，并在 P0.7 脚之间接入电源指示灯，接线图如图 1-74 所示。

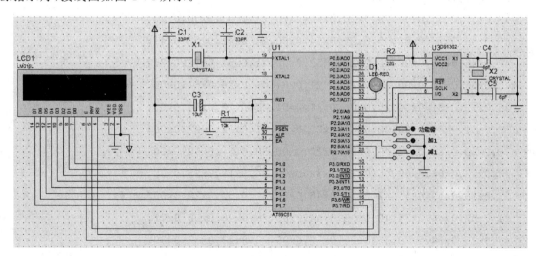

图 1-74 实验硬件接线图

2. 软件编程

【例 15】三键控制可调时钟参考程序（"chu_li.c"、"ds1302.c"、"lcd1602.c"、"key_board.c"见"配套程序"）

```
#include<reg51.h>
```

```
#include<intrins.h>
#include<absacc.h>
#include "chu_li.c"
#include "ds1302.c"
#include "lcd1602.c"
#include "key_board.c"
#define uchar unsigned char
#define uint unsigned int
sbit yun_lamp = P0^7;                        //闰月指示灯
uchar year,month,week,day,hour,mintue,second;
uchar time = 0,temp_yun;
uchar code week_dis[] = "7123456";
uchar code lookdis[] = "0123456789";
uchar data display[] = "2000.00.00     0 ";    //LCD 第一行显示缓存数组
uchar data xiaohui[] = "00:00:00    00.00";    //LCD 第二行显示缓存数组
uchar code date_data[] = { 35,0x15,0x51,0x00,23,0x11,0x52,0x41,42,0x12,
0x65,0x00,
    31,0x11,0x32,0x00,21,0x42,0x52,0x21,39,0x52,0x25,0x00,
    28,0x25,0x04,0x71,48,0x66,0x42,0x00,37,0x33,0x22,0x00,
    25,0x15,0x24,0x51,44,0x25,0x52,0x00,33,0x22,0x65,0x00,
    22,0x21,0x25,0x41,40,0x24,0x52,0x00,30,0x52,0x42,0x91,
    49,0x55,0x05,0x00,38,0x26,0x44,0x00,27,0x53,0x50,0x60,
    46,0x53,0x24,0x00,35,0x25,0x54,0x00,24,0x41,0x52,0x41,
    42,0x45,0x25,0x00,31,0x24,0x52,0x00,21,0x51,0x12,0x21,
    40,0x55,0x11,0x00,28,0x26,0x21,0x61,47,0x26,0x61,0x00,
    36,0x13,0x31,0x00,25,0x05,0x31,0x51,43,0x12,0x54,0x00,
    33,0x51,0x25,0x00,22,0x42,0x25,0x31,41,0x32,0x22,0x00,
    30,0x55,0x02,0x71,49,0x55,0x22,0x00,38,0x26,0x62,0x00,
    27,0x13,0x64,0x60,45,0x13,0x32,0x00,34,0x12,0x55,0x00,
    23,0x10,0x53,0x51,42,0x22,0x45,0x00,31,0x52,0x22,0x00,
    21,0x52,0x44,0x21,40,0x55,0x44,0x00,29,0x26,0x50,0x71,
    47,0x26,0x64,0x00,36,0x25,0x32,0x00,25,0x23,0x32,0x50,
    44,0x44,0x55,0x00,32,0x24,0x45,0x00,22,0x55,0x11,0x30};
                                    //2000—2005 年的数据表
void main()
{
    TMOD = 0x01;                        //定时器初始化
    TH0 = 0x3c;
```

```
    TL0 = 0xb0;
    IE = 0x82;
    init_lcd1602();                          //初始化显示器
    init_ds1302();                           //初始化 DS1302
  while(1)
  {
    ds1302();
    display1602();
    gengxin();
     display1602();
    key_scan();
  }
}
void t0_time() interrupt 1
{
    TH0 = 0x3c;
    TL0 = 0xb0;
    time++;
    if(time==15)
      time = 0;
}
```

实验仿真结果如图 1-75 所示。

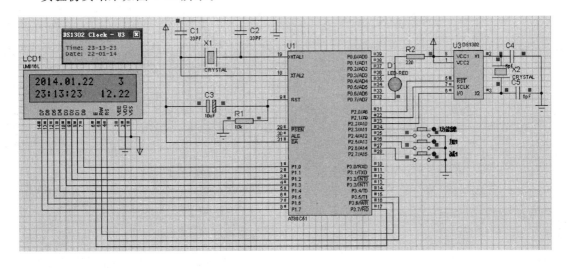

图 1-75 实验仿真结果

程序思考与练习

1. 单片机是如何控制 DS1302 时钟芯片的?

2. 修改程序,加入蜂鸣器,实现闹钟报警的 C 语言程序。

实验与思考

试通过本次实验所学习的程序,完成万年历电子钟设计,实时显示日期、时间、温度。

编程思路:参照三键控制可调时钟程序和 DS18B20 温度传感器驱动程序,显示日期、时间、温度。

第二部分

51 单片机综合应用实验

综合设计1 数字电压表设计

1.1 综合设计目的

1. 熟悉 C 语言编程；
2. 掌握 A/D 转换器与单片机的接口方法；
3. 掌握数码管的显示方法；
4. 掌握单片机接口扩展技术综合应用的设计方法。

1.2 综合设计内容

1. 从单片机最小应用系统基本要求出发,拟定一个智能化数字电压表设计方案。
2. 合理选择各种器件,根据所采用的 A/D 转换器,分析计算数字电压表的测量精度。
3. 根据所采用的显示器件,设计合理的 A/D 采样和数字显示程序。
4. 要求显示误差满足设计精度,最终实现智能化数字电压表功能。

综合设计 2 温度监测报警系统设计

2.1 综合设计目的

1. 熟悉温度传感器的使用及单片机温度控制最小系统组成；
2. 掌握温度传感器 DS18B20、LCD、蜂鸣器与单片机的接口方法；
3. 掌握汇编语言或 C 语言程序设计方法；
4. 了解温度监测报警系统的设计方法。

2.2 综合设计内容

1. 从单片机最小应用系统基本要求出发，拟定一个温度监测报警系统的设计方案。

2. 合理选择各种器件。根据所采用的温度传感器，设定温度监测报警系统的控制精度（报警温度的上下限值）。

3. 根据所采用的显示器件，设计合理的数据采集和显示程序。

4. 要求显示误差满足设计精度，实现温度监测超限的报警功能。

5. 若控制室温温度在 20 ℃，硬件、软件如何实现？

综合设计 3　交通灯信号控制系统设计

3.1　综合设计目的

1. 了解交通信号灯控制原理和单片机扩展电路设计方法；
2. 掌握单片机可编程 I/O 口的使用方法；
3. 掌握汇编语言或 C 语言的编程方法与调试技巧；
4. 掌握计算机最小控制系统设计方法。

3.2　综合设计内容

1. 从单片机最小应用系统基本要求出发，拟定一个交通灯控制系统的设计方案。
2. 用 8 个数码管（东、南、西、北各 2 个）显示秒值，12 个 LED 灯（东、南、西、北各 3 个）表示红、黄、绿灯，若东西方向绿灯亮，则南北方向红灯亮，同时倒计时 20 s，显示时间；倒计时结束后，延时倒计时，东西方向绿灯开始闪烁 5 s；延时倒计时结束后再进行倒计时，东西方向黄灯闪烁 2 s，南北方向保持红灯状态，另一方向情况亦同。
3. 编写控制程序。
4. 若检测交通路口汽车日流量，硬件、软件如何实现？

综合设计4　万年历电子钟设计

4.1　综合设计目的

1. 熟悉时钟芯片 DS1302 的控制方法；
2. 掌握单片机可编程 I/O 口的使用方法；
3. 掌握汇编语言或 C 语言的编程方法与调试技巧。

4.2　综合设计内容

1. 拟定万年历电子钟设计方案。
2. 合理选择各种器件，自行设计万年历电子钟电路。
3. 根据所采用的日历时钟芯片、显示及驱动电路，设计汇编或 C 语言程序。

综合设计 5　数码八音盒设计

5.1　综合设计目的

1. 熟悉 LCD1602 显示屏的控制方法；
2. 掌握矩阵键盘的扫描方法；
3. 掌握蜂鸣器发声的控制方法；
4. 掌握汇编语言或 C 语言的编程方法与调试技巧。

5.2　综合设计内容

1. 选择输出口，接 LCD1602 显示屏、矩阵键盘及蜂鸣器。电路自行设计。
2. 实现按下 10 个按键，LCD1602 显示屏显示 10 首歌曲名，并通过蜂鸣器演奏出来。
3. 编写控制程序。

第三部分

51 单片机应用系统的设计与开发

系统设计1 太阳能热水控制器设计与实现

1.1 系统组成

硬件各部分元器件名称及参数如表3-1所示。

表3-1 硬件各部分元器件名称及参数

序号	器材名称	参数	个数
1	微处理器	STC89C52	1个
2	温度传感器	DS18B20 防水	1个
3	水位传感器	YL-83	1个
4	LCD 显示屏	LCD1602	1个
5	按键	SW-PB	4个
6	LED 灯		3个
7	蜂鸣器		1个

1.2 系统设计要点

该系统具有可以预先设定温度,在阳光充足时进行太阳能加热,在阴天时通过内部加热器加热的功能,太阳能热水控制器内部具有水位传感器和温度传感器,对水位和水温实时采集显示并控制。

（1）太阳能热水控制器可以实时显示当前水温及水位。

（2）具有加热模式自动切换功能,在阳光充足时进行太阳能加热,在阴天时通过内部加热器加热。

（3）具有报警功能,在温度到达设定值时进行提示,在水位低于警戒水位时进行声光报警。

（4）太阳能热水控制器具有水温控制功能,精度为±2 ℃。

系统设计 2　智能家居远程安防子系统设计与实现

2.1　系统组成

硬件各部分元器件名称及参数如表 3-2 所示。

表 3-2　硬件各部分元器件名称及参数

序号	器材名称	参数	个数
1	微处理器	STC89C52	1个
2	远程报警 GSM	TC35i	1个
3	人体红外传感器	BISS0001	1个
4	火灾传感器	IR333	1个
5	烟雾传感器	MQ-2	1个
6	水位传感器	YL-83	1个
7	温度传感器	DS18B20	1个
8	LCD 显示屏	LCD12864	1个

2.2　系统设计要点

　　一旦出现漏水、电器等引起的火灾隐患,入室盗窃等危害家庭安全的情况,智能家居远程安防子系统将自动向用户及小区物管报警;可以实现环境温度的自动调节。

　　(1)智能家居远程安防子系统具有查询功能,接收 GSM 通信模块传递的命令,解析命令参数,然后查询/控制各个电器设备,返回查询/控制状态。

　　(2)具有报警功能,系统能够定时查询各个设备的状态,并与设定的报警值进行比较,如果超出设定值则通过通信模块进行报警。

　　(3)系统具有自动调节环境温度功能,精度为±1 ℃。

第四部分

51 单片机实验参考程序

实验 1 参考程序

试改变程序和原理图,使 LED 灯低电平点亮。

```
#include "reg52.h"
void main()
{
char led;                  //为 P2 口赋值的变量
    while(1)
    {
        led = 0x7F;        //初值为 01111111 ,P2.7 口为低电平
        P2 = led;
    }
}
```

实验仿真结果如图 4-1 所示。

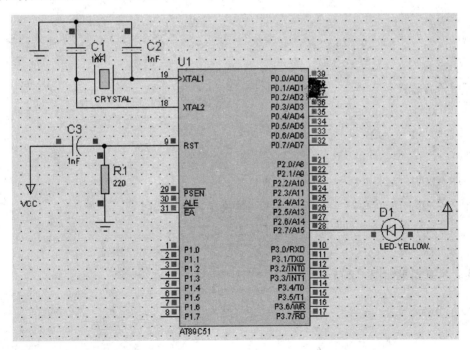

图 4-1　实验仿真结果

实验 2　参考程序

试通过本次实验所练习的两种编程方法,完成独立按键控制 LED 灯的 C 语言程序和汇编语言程序。

C 语言程序:

```
#include <reg51.h>
#define   uchar unsigned char
sbit   button = P2^0;
void main()
{
uchar led;                //为 P1 口赋值的变量
    if(button == 0)       //如果 P2.0 连接的按键被按下
            P1 = 0xfe;    //P1.0 口连接的 LED 被点亮
    else
            P1 = 0xff;
}
```

汇编语言程序:

```
        ORG    0000H
        AJMP   MAIN
        ORG    0030H
MAIN:   MOV    C,P2.0        ;检测按键
        MOV    P1.0,C        ;根据按键决定输出
        AJMP   MAIN          ;循环
        END
```

实验仿真结果如图 4-2 所示。

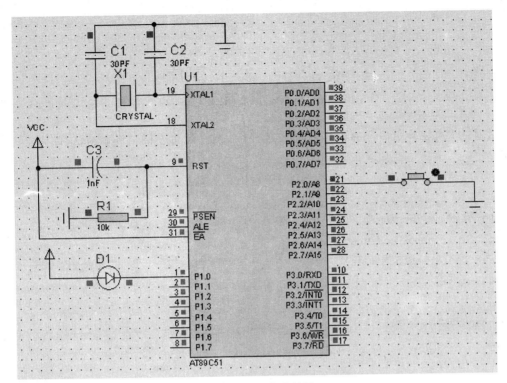

图 4-2　实验仿真结果

实验 3 参考程序

试通过本次实验所学习的程序,完成二进制加法后自动进行二进制减法操作的 C 语言程序。

C 语言程序:

```
#include <reg51.h>
#include <intrins.h>
#define   uchar unsigned char
void  delay_ms(uchar ms);                    //延时毫秒 12 MHz,最大值 255
void main()
{
uchar i = 0;
uchar led = 0xFF;                            //为 P1 口赋初值
    while(1)
    {
        for(i = 0;i<255;i++)
        {
            P1 = led;                        //初值为 11111111,全灭
            delay_ms(100);                   //延时 100 ms
            led--;                           //二进制加法点亮
        }
        for(i = 0;i<255;i++)
        {
            P1 = led;                        //初值为 00000000,全亮
            delay_ms(100);                   //延时 100 ms
            led++;                           //二进制减法熄灭
        }
    }
}
void delay_ms(uchar ms)                       //延时毫秒 12 MHz,最大值 255
{   uchar i;
    while(ms--)
    for(i = 0 ;i<124; i++);
}
```

实验仿真结果如图 4-3 所示。

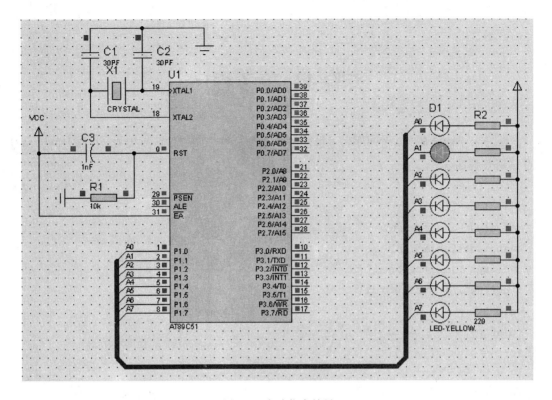

图 4-3　实验仿真结果

实验4　参考程序

试通过本次实验所学习的程序,完成用矩阵键盘控制 8 位 LED 灯左移、右移、加法、减法等的 C 语言程序。

C 语言程序:

```c
#include<reg51.h>
#include<intrins.h>
#include<absacc.h>
#define uchar unsigned char
#define uint unsigned int
void delay(uint i)                      //延时程序
{uint j;
for(j=0;j<i;j++);
}
void delay_ms(uchar ms)                 //延时毫秒 12 MHz,最大值 255
{    uchar i;
    while(ms--)
    for(i = 0 ;i<124; i++);
}
uchar checkkey()                        //检测有没有键按下
{uchar i ;
 uchar j ;
 j = 0x0f;
 P2 = j;
 i = P2;
 i = i&0x0f;
 if (i==0x0f) return (0);
  else return (0xff);
}
uchar keyscan()                         //键盘扫描程序
{
    uchar scancode;
    uchar codevalue;
    uchar a;
    uchar m = 0;
    uchar k;
```

• 110 •

```c
    uchar i,j;
    if (checkkey() == 0) return (0xff);
    else
{delay(100);
    if (checkkey() == 0) return (0xff);
    else
    {
    scancode = 0xf7;m = 0x00;                    //键盘行扫描初值,m 为列数
    for (i = 1;i< = 4;i + +)
        {
            k = 0x10;
            P2 = scancode;
            a = P2;
            for (j = 0;j<4;j + +)                 //j 为行数
            {
                if ((a&k) == 0)
                {
                    codevalue = m + j;
                    while (checkkey()! = 0);
                    return (codevalue);
                }
                else   k = k<<1;
            }
            m = m + 4;
            scancode = ~scancode;                //为 scancode 右移时,移入的数为 1
            scancode = scancode>>1;
            scancode = ~scancode;
        }
    }
  }
}
void main()                                      //主函数
{
    int   x,i,led = 0;
    P3 = 0xff;
while(1)
    {
        if (checkkey() == 0x00) continue;
          else
            {
```

```
        x = keyscan();                    //调用键盘扫描程序
        switch(x)                         //监测按键
          {
          case 1：
              led = 0xfe;
              for(i = 0; i < 8; i++)
                {
                  P3 = led;              //led 值送入 P3 口
                  delay_ms(100);        //延时 100 ms
                  led = _crol_(led, 1); //led 值循环左移 1 位
                } break;
          case 2：
              led = 0x7f;
              for(i = 0; i < 8; i++)
                {
                  P3 = led;              //led 值送入 P3 口
                  delay_ms(100);        //延时 100 ms
                  led = _cror_(led, 1); //led 值循环右移 1 位
                } break;
          case 3：
              led = 0xff;
              for(i = 0;i<256;i++)
                {
                  P3 = led;              //初值为 11111111,全灭
                  delay_ms(100);        //延时 100 ms
                  led--;                //二进制加法点亮
                } break;
          case 4：
              led = 0x00;
              for(i = 0;i<256;i++)
                {
                  P3 = led;              //初值为 00000000,全亮
                  delay_ms(100);        //延时 100 ms
                  led++;                //二进制减法熄灭
                } break;
          }
        delay(100);
      }
    }
  }
```

实验仿真结果如图 4-4 所示。

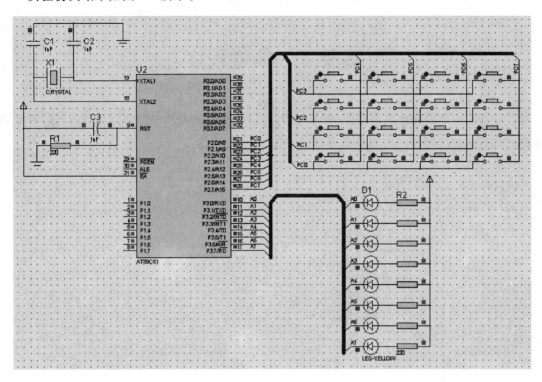

图 4-4　实验仿真结果

实验 5　参考程序

试通过本次实验所学习的程序,完成用中断程序实现在未按下按键时左移后右移,当按下按键时二进制加法操作一次的 C 语言程序。

C 语言程序:

```
# include <reg51.h>
# include <absacc.h>
# include <intrins.h>
#define   uint unsigned int
#define   uchar unsigned char
void initial();
void delay(uint N);
void delay_ms(uchar ms);                    //延时毫秒 12 MHz,最大值 255
void main()
{
uint    i,dis_digit;
  initial();
  do
  {
    dis_digit = 0xfe;
    for(i = 0;i<8;i++)
    {
      P1 = dis_digit;
      delay(10000);
      dis_digit = _crol_(dis_digit, 1);//调用_crol_()函数使 dis_digit 左移一位
    }
    dis_digit = 0xfe;
      for(i = 0;i<7;i++)
      {
        dis_digit = _cror_(dis_digit, 1);  //使 dis_digit 右移一位
        P1 = dis_digit;
        delay(10000);
      }
  }while(1);
}
void delay(uint N)                          //延时程序
```

```
{
  uint j = N;
  for(;j>0;j--);
  for(;j>0;j--);
  for(;j>0;j--);
}
void delay_ms(uchar ms)                    //延时毫秒 12 MHz,最大值 255
{   uchar i;
    while(ms--)
    for(i = 0 ;i<124; i++);
}
void initial()                             //中断初始化函数
{
  IE = 0x81;
  IP = 0x01;
  TCON = 0x00;
}
void int_0() interrupt 0 using 0           //中断服务函数
{
    int     i,led = 0xff;
    for(i = 0;i<255;i++)
        {
            P1 = led;                      //初值为 11111111,全灭
            delay_ms(100);                 //延时 100 ms
            led--;                         //二进制加法点亮
        }
    return;
}
```

实验仿真结果如图 4-5 所示。

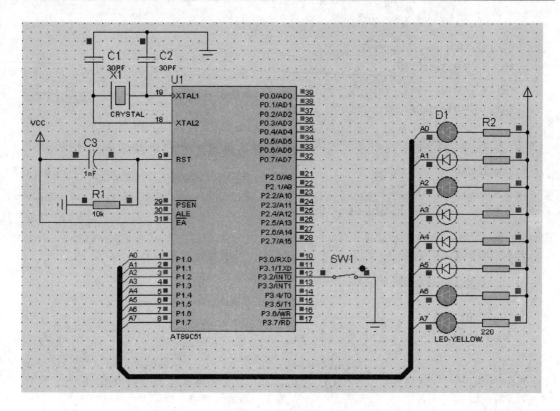

图 4-5　实验仿真结果

实验 6　参考程序

　　试通过本次实验所学习的程序,完成用定时器中断实现四位数码管从 000 到 255 计数操作的 C 语言程序。

C 语言程序:

```c
#include<reg51.h>
#define uchar unsigned char
sbit   key = P3^0;
sbit   ge = P3^7;
sbit   shi = P3^6;
sbit   bai = P3^5;
uchar   time = 0,count = 0;
uchar dis[] = {0xc0,0xf9,0xa4,0xb0,0x99,0x92,0x82,0xf8,0x80,0x90};
void delay(uchar N)                    //延时程序
{
    uchar i,j;
    for(i = 0;i<N;i++)
      for(j = 0;j<125;j++);
}
void display(void)                     //显示程序
{
    P0 = dis[time % 10];               //显示个位
    ge = 1;
    delay(3);
    ge = 0;
    P0 = dis[time % 100/10];           //显示十位
    shi = 1;
    delay(3);
    shi = 0;
    P0 = dis[time/100];                //显示百位
    bai = 1;
      delay(3);
    bai = 0;
}
void main()                            //主程序
{
```

```
        TMOD = 0x01;                          //定时器初始化
        TH0 = 0x3c;                           //定时 50 ms
        TL0 = 0xb0;
        IE = 0x82;
        while(1)
        {
        while(key == 1)                       //判断键是否按下
            display();                        //没按则调用显示
        TR0 = 1;                              //第一次按键,刚启动定时器
        EA = 1;
        while(key == 0)                       //等待按键抬起
            display();
        while(key == 1)                       //判断是否有第二次按键
            display();
            EA = 0;                           //第二次按键,则暂停计数
        while(key == 0);
            display();
        while(key == 1)                       //判断是否有第三次按键
            display();
            time = 0;
        while(key == 0)                       //第三次按键,则计数清零
            display();
        }
    }
    void T0_time() interrupt 1                //中断程序
    {
        count ++ ;
        if(count == 2)                        //是否计到 100 ms
            {
            time ++ ;                         //到 100 ms,则加 1
            count = 0;
            }
        TH0 = 0x3c;
        TL0 = 0xb0;
    }
```

实验仿真结果如图 4-6 所示。

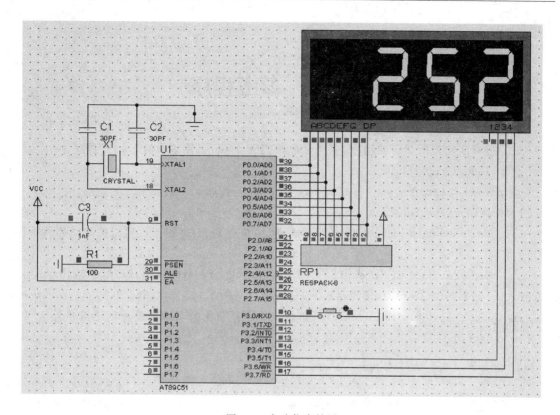

图 4-6　实验仿真结果

实验 7 参考程序

试通过本次实验所学习的程序,完成多位数码管 0~F 交替显示的 C 语言程序。

```c
#include <reg51.h>
#include <intrins.h>                    //包含_crol_()
void delayms(unsigned char ms);          //延时子程序
unsigned char data dis_digit; //位选通值,传送到 P1 口用于选通当前数码管的数值,
                              //如等于 0x01 时,选通 P1.0 口数码管
unsigned char code dis_code[16] = {0xc0,0xf9,0xa4,0xb0,0x99,0x92,0x82,0xf8,
0x80,0x90,0x88,0x83,0xc6,0xa1,0x86,0x8e};   //0,1,2,3,4,5,6,7,8,9,a,b,c,d,e,f
unsigned char data dis_index;//用于标识当前显示的数码管和缓冲区的偏移量
void main()
{    int i;
    P2 = 0xff;                          //关闭所有数码管
    P1 = 0x00;

    while(1)
    {        dis_index = 0;             //当前偏移量为 0
            dis_digit = 0x01;          //选通 P1.0
            for(i = 0;i<8;i++)
          {
    P2 = dis_code[dis_index];          //段码送 P2 口
    P1 = dis_digit;                    //位码送 P1 口
    delayms(500);
            P1 = 0x00;
    dis_digit = _crol_(dis_digit,1);            //位选通左移,下次选通下一位
    dis_index++;
          }
            dis_digit = 0x01;
            for(i = 0;i<8;i++)
          {
    P2 = dis_code[dis_index];          //段码送 P2 口
    P1 = dis_digit;                    //位码送 P1 口
    delayms(500);
            P1 = 0x00;
    dis_digit = _crol_(dis_digit,1);            //位选通左移,下次选通下一位
```

```
        dis_index ++ ;
            }
    }
}
void delayms(unsigned char ms)              //延时子程序(晶振 12 MHz)
{
    unsigned char i;
    while(ms -- )
    {
        for(i = 0; i < 120; i ++);
    }
}
```

实验仿真结果如图 4-7 所示。

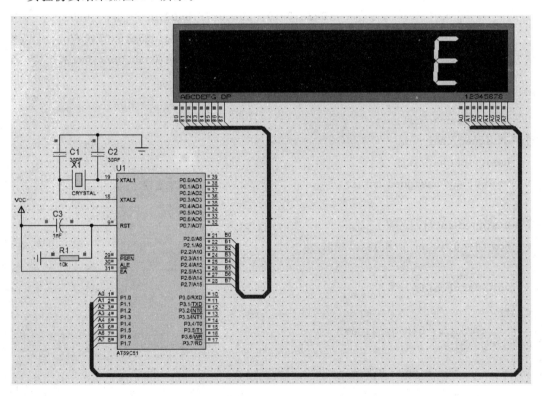

图 4-7　实验仿真结果

实验 8　参考程序

试通过本次实验所学习的程序,完成显示"电""子"及姓名的 C 语言程序。

C 语言程序:

```c
#include <reg51.h>
unsigned char code tab[] = {0x01,0x02,0x04,0x08,0x10,0x20,0x40,0x80};
unsigned char code digittab[16][8] =
                    {
                        {0x08,0x7f,0x49,0x7f,0x49,0x7f,0x08,0xf8},   //电
                        {0x3e,0x10,0x08,0x7f,0x08,0x08,0x0c,0x08},   //子
                        {0x08,0x7e,0x18,0x7f,0x04,0x3e,0x05,0x7c},   //老
                        {0xf4,0x24,0xfa,0xae,0xee,0xac,0x24,0x22}    //师
                    };
unsigned char times;
unsigned char col;
unsigned char num;
unsigned char tag;
void delay(unsigned int i)                  //延时程序
{
unsigned int j;
for (j = 0;j<i; j++);
}
void main(void)
{
    for(num = 0;num<4;num++)
    {
        for(times = 0;times<200;times++)
        {
            for(col = 0;col<8;col++)
            {
                P3 = 0x00;
                P1 = ~digittab[num][col];
                P3 = tab[col];              //取列数码
                delay(125);
            }
        }
    }
```

        }
}
实验仿真结果如图 4-8 所示。

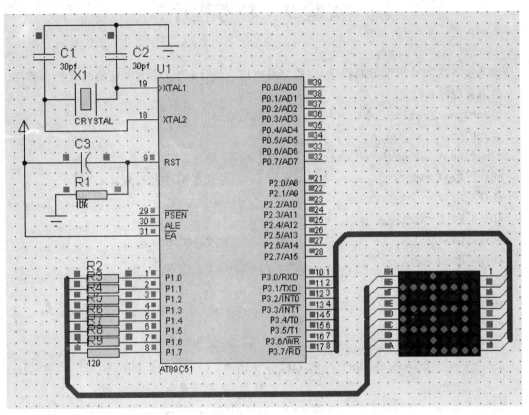

图 4-8 实验仿真结果

实验 9　参考程序

试通过本次实验所学习的程序,完成简易电压表设计,能够输出电压值的 C 语言程序。

C 语言程序:

```c
#include<reg51.h>
#include<intrins.h>
#define uchar unsigned char
sbit   P2_1 = P2^1;                    //定义数码管位码端口
sbit   P2_2 = P2^2;
sbit   P2_3 = P2^3;
sbit   OE = P3^0;                      //定义 ADC0808 端口
sbit   EOC = P3^1;
sbit   ST = P3^2;
sbit   P3_4 = P3^4;
sbit   P3_5 = P3^5;
sbit   P3_6 = P3^6;
uchar   code   leddata_dot[] = {0x40,0x79,0x24,0x30,0x19,0x12};
                               //带小数点的 0~5 六个
uchar   code   leddata[] = {0xC0,0xF9,0xA4,0xB0,0x99,0x92,0x82,0xF8,0x80,0x90};
                               //共阳极 0~9 十个段码
                               //延时子程序
void delay(uchar n)
{     uchar i,j;
        for(i = 0;i<n;i++)
          for(j = 0;j<125;j++);
}
                                       //将 A/D 转换输出的数据转换成相应的
                                       //电压值并且显示出来
void convert(uchar volt_data)
{
  uchar temp;
  P0 = leddata_dot[volt_data/51];      //A/D 转换的值,即为个位的电压值
  P2_1 = 1;                            //显示个位的值
  delay(3);
  P2_1 = 0;
  if((volt_data % 51)<0x19)           //余数小于 0x19,显示小数点后的第一位
```

```
    {
        P0 = leddata[(volt_data % 51) * 10/51];
        P2_2 = 1;
        delay(3);
        P2_2 = 0;
    }
    else
    {
        P0 = leddata[(volt_data % 51) * 10/51 + 5];      //余数大于0x19,结果再加上5
        P2_2 = 1;                                        //显示小数点后的第一位
        delay(3);
        P2_2 = 0;
    }
        temp = (((volt_data % 51) * 10)/51) * 10 % 51;
    if(temp<0x19)                                        //余数小于0x19,显示小数点后的第二位
        {
            P0 = leddata[temp * 10/51];
            P2_3 = 1;
            delay(3);
            P2_3 = 0;
        }
    else
        {
            P0 = leddata[temp * 10/51 + 5];      //余数大于0x19,结果再加上5
            P2_3 = 1;                            //显示小数点后的第二位
            delay(3);
            P2_3 = 0;
        }
}
void main()
{
    uchar volt_data;
    P3_4 = 1;                                    //选择通道3
    P3_5 = 1;
    P3_6 = 0;
    while(1)
    {
        ST = 0;
        _nop_();
        ST = 1;
```

```
    _nop_();
    ST = 0;                              //启动 A/D 转换
      if(EOC == 0)                       //等待转换结束
      delay(100);
      while(EOC == 0);
    OE = 1;                              //允许输出
    volt_data = P1;                      //暂存转换结果
    OE = 0;                              //关闭输出
    convert(volt_data);                  //调用数据处理子程序
    }
  }
```

实验仿真结果如图 4-9 所示。

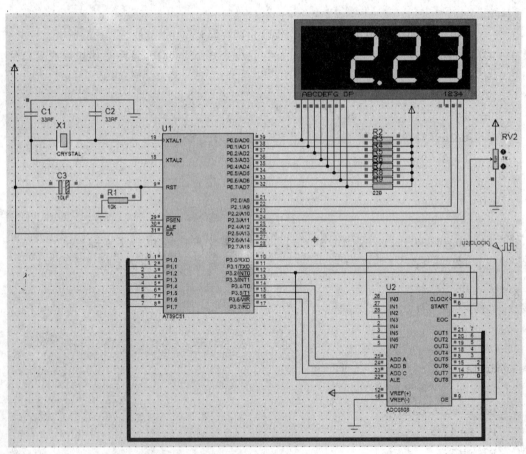

图 4-9　实验仿真结果

实验 10　参考程序

试通过本次实验所学习的程序,完成改变串口波特率为 9 600,显示自拟内容的 C 语言程序。

C 语言程序:

```c
#include <reg51.h>
#include <intrins.h>
unsigned char key_s, key_v, tmp;
char code str[] = "CCBUPT DianKe\n\r";
void send_int(void);
void send_str();
void delayms(unsigned char ms);
void send_char(unsigned char txd);
sbit   K1 = P1^0;
void main()
{
    send_int();
    TR1 = 1;                        //启动定时器 1
    while(1)
    {
        if(K1 == 0)                 //扫描按键
        {
            delayms(10);            //延时去抖动
            if(K1 == 0)             //再次扫描
            {
                send_str();
                delayms(100);       //保存键值
            }
        }
        if(RI)                      //是否有数据到来
        {
            RI = 0;
            tmp = SBUF;             //暂存接收到的数据
            P0 = tmp;               //数据传送到 P0 口
            send_char(tmp);         //回传接收到的数据
        }
```

```
        }
    }
    void send_int(void)
    {
        TMOD = 0x20;                    //定时器1工作于8位自动重载模式,用于产生波特率
        TH1 = 0xFD;                     //波特率9 600
        TL1 = 0xFD;
        SCON = 0x50;                    //设定串行口工作方式
        PCON& = 0xef;                   //波特率不倍增
        IE = 0x0;                       //禁止任何中断
    }
    void send_char(unsigned char txd)   //传送一个字符
    {
        SBUF = txd;
        while(! TI);                    //等待数据传送
        TI = 0;                         //清除数据传送标志
    }
    void send_str()                     //传送字串
    {
        unsigned char i = 0;
        while(str[i] != '\0')
        {
            SBUF = str[i];
            while(! TI);                //等待数据传送
            TI = 0;                     //清除数据传送标志
            i ++ ;                      //下一个字符
        }
    }
    void delayms(unsigned char ms)
                                        //延时子程序
    {
        unsigned char i;
        while(ms -- )
        {
            for(i = 0; i < 120; i ++);
        }
    }
```

实验仿真结果如图 4-10 所示。

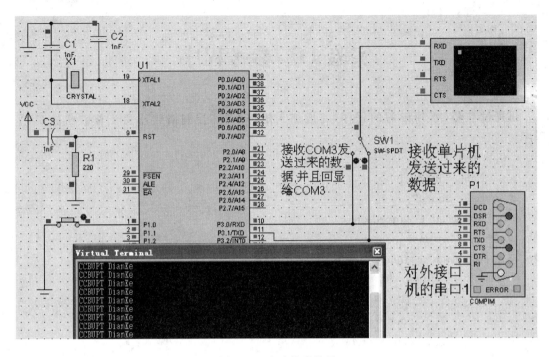

图 4-10　实验仿真结果

实验11　参考程序

试通过本次实验所学习的程序,完成加入矩阵按键,控制播放任意4首歌曲的C语言程序。

C语言程序:

```
# include <REG52.H>
# include "SoundPlay.h"
# define uchar unsigned char
# define uint unsigned int
void Delay1ms(unsigned int count)
{
    unsigned int i,j;
    for(i = 0;i<count;i++)
    for(j = 0;j<120;j++);
}
// ******************** Music ********************************
//挥着翅膀的女孩
unsigned char code Music_Girl[] = {
0x17,0x02, 0x17,0x03, 0x18,0x03, 0x19,0x02, 0x15,0x03,
0x16,0x03, 0x17,0x03, 0x17,0x03, 0x17,0x03, 0x18,0x03,
0x19,0x02, 0x16,0x03, 0x17,0x03, 0x18,0x02, 0x18,0x03,
0x17,0x03, 0x15,0x02, 0x18,0x03, 0x17,0x03, 0x18,0x02,
0x10,0x03, 0x15,0x03, 0x16,0x02, 0x15,0x03, 0x16,0x03,
0x17,0x02, 0x17,0x03, 0x18,0x03, 0x19,0x02, 0x1A,0x03,
0x1B,0x03, 0x1F,0x03, 0x1F,0x03, 0x17,0x03, 0x18,0x03,
0x19,0x02, 0x16,0x03, 0x17,0x03, 0x18,0x03, 0x17,0x03,
0x18,0x03, 0x1F,0x03, 0x1F,0x02, 0x16,0x03, 0x17,0x03,
0x18,0x03, 0x17,0x03, 0x18,0x03, 0x20,0x03, 0x20,0x02,
0x1F,0x03, 0x1B,0x03, 0x1F,0x66, 0x20,0x03, 0x21,0x03,
0x20,0x03, 0x1F,0x03, 0x1B,0x03, 0x1F,0x66, 0x1F,0x03,
0x1B,0x03, 0x19,0x03, 0x19,0x03, 0x15,0x03, 0x1A,0x66,
0x1A,0x03, 0x19,0x03, 0x15,0x03, 0x15,0x03, 0x17,0x03,
0x16,0x66, 0x17,0x04, 0x18,0x04, 0x18,0x03, 0x19,0x03,
0x1F,0x03, 0x1B,0x03, 0x1F,0x66, 0x20,0x03, 0x21,0x03,
0x20,0x03, 0x1F,0x03, 0x1B,0x03, 0x1F,0x66, 0x1F,0x03,
0x1B,0x03, 0x19,0x03, 0x19,0x03, 0x15,0x03, 0x1A,0x66,
0x1A,0x03, 0x19,0x03, 0x19,0x03, 0x1F,0x03, 0x1B,0x03,
```

```c
0x1F,0x00, 0x1A,0x03, 0x1A,0x03, 0x1A,0x03, 0x1B,0x03,
0x1B,0x03, 0x1A,0x03, 0x19,0x03, 0x19,0x02, 0x17,0x03,
0x15,0x17, 0x15,0x03, 0x16,0x03, 0x17,0x03, 0x18,0x03,
0x17,0x04, 0x18,0x0E, 0x18,0x03, 0x17,0x04, 0x18,0x0E,
0x18,0x66, 0x17,0x03, 0x18,0x03, 0x17,0x03, 0x18,0x03,
0x20,0x03, 0x20,0x02, 0x1F,0x03, 0x1B,0x03, 0x1F,0x66,
0x20,0x03, 0x21,0x03, 0x20,0x03, 0x1F,0x03, 0x1B,0x03,
0x1F,0x66, 0x1F,0x04, 0x1B,0x0E, 0x1B,0x03, 0x19,0x03,
0x19,0x03, 0x15,0x03, 0x1A,0x66, 0x1A,0x03, 0x19,0x03,
0x15,0x03, 0x15,0x03, 0x17,0x03, 0x16,0x66, 0x17,0x04,
0x18,0x04, 0x18,0x03, 0x19,0x03, 0x1F,0x03, 0x1B,0x03,
0x1F,0x66, 0x20,0x03, 0x21,0x03, 0x20,0x03, 0x1F,0x03,
0x1B,0x03, 0x1F,0x66, 0x1F,0x03, 0x1B,0x03, 0x19,0x03,
0x19,0x03, 0x15,0x03, 0x1A,0x66, 0x1A,0x03, 0x19,0x03,
0x19,0x03, 0x1F,0x03, 0x1B,0x03, 0x1F,0x00, 0x18,0x02,
0x18,0x03, 0x1A,0x03, 0x19,0x0D, 0x15,0x03, 0x15,0x02,
0x18,0x66, 0x16,0x02, 0x17,0x02, 0x15,0x00, 0x00,0x00};
//同一首歌
unsigned char code Music_Same[] = {
0x0F,0x01, 0x15,0x02, 0x16,0x02, 0x17,0x66, 0x18,0x03,
0x17,0x02, 0x15,0x02, 0x16,0x01, 0x15,0x02, 0x10,0x02,
0x15,0x00, 0x0F,0x01, 0x15,0x02, 0x16,0x02, 0x17,0x02,
0x17,0x03, 0x18,0x03, 0x19,0x02, 0x15,0x02, 0x18,0x66,
0x17,0x03, 0x19,0x02, 0x16,0x03, 0x17,0x03, 0x16,0x00,
0x17,0x01, 0x19,0x02, 0x1B,0x02, 0x1B,0x70, 0x1A,0x03,
0x1A,0x01, 0x19,0x02, 0x19,0x03, 0x1A,0x03, 0x1B,0x02,
0x1A,0x0D, 0x19,0x03, 0x17,0x00, 0x18,0x66, 0x18,0x03,
0x19,0x02, 0x1A,0x02, 0x19,0x0C, 0x18,0x0D, 0x17,0x03,
0x16,0x01, 0x11,0x02, 0x11,0x03, 0x10,0x03, 0x0F,0x0C,
0x10,0x02, 0x15,0x00, 0x1F,0x01, 0x1A,0x01, 0x18,0x66,
0x19,0x03, 0x1A,0x01, 0x1B,0x02, 0x1B,0x03, 0x1B,0x03,
0x1B,0x0C, 0x1A,0x0D, 0x19,0x03, 0x17,0x00, 0x1F,0x01,
0x1A,0x01, 0x18,0x66, 0x19,0x03, 0x1A,0x01, 0x10,0x02,
0x10,0x03, 0x10,0x03, 0x1A,0x0C, 0x18,0x0D, 0x17,0x03,
0x16,0x00, 0x0F,0x01, 0x15,0x02, 0x16,0x02, 0x17,0x70,
0x18,0x03, 0x17,0x02, 0x15,0x03, 0x15,0x03, 0x16,0x66,
0x16,0x03, 0x16,0x02, 0x16,0x03, 0x15,0x03, 0x10,0x02,
0x10,0x01, 0x11,0x01, 0x11,0x66, 0x10,0x03, 0x0F,0x0C,
0x1A,0x02, 0x19,0x02, 0x16,0x03, 0x16,0x03, 0x18,0x66,
0x18,0x03, 0x18,0x02, 0x17,0x03, 0x16,0x03, 0x19,0x00,
0x00,0x00 };
```

```
//两只蝴蝶
unsigned char code Music_Two[] = {
0x17,0x03, 0x16,0x03, 0x17,0x01, 0x16,0x03, 0x17,0x03,
0x16,0x03, 0x15,0x01, 0x10,0x03, 0x15,0x03, 0x16,0x02,
0x16,0x0D, 0x17,0x03, 0x16,0x03, 0x15,0x03, 0x10,0x03,
0x10,0x0E, 0x15,0x04, 0x0F,0x01, 0x17,0x03, 0x16,0x03,
0x17,0x01, 0x16,0x03, 0x17,0x03, 0x16,0x03, 0x15,0x01,
0x10,0x03, 0x15,0x03, 0x16,0x02, 0x16,0x0D, 0x17,0x03,
0x16,0x03, 0x15,0x03, 0x10,0x03, 0x15,0x03, 0x16,0x01,
0x17,0x03, 0x16,0x03, 0x17,0x01, 0x16,0x03, 0x17,0x03,
0x16,0x03, 0x15,0x01, 0x10,0x03, 0x15,0x03, 0x16,0x02,
0x16,0x0D, 0x17,0x03, 0x16,0x03, 0x15,0x03, 0x10,0x03,
0x10,0x0E, 0x15,0x04, 0x0F,0x01, 0x17,0x03, 0x19,0x03,
0x19,0x01, 0x19,0x03, 0x1A,0x03, 0x19,0x03, 0x17,0x01,
0x16,0x03, 0x16,0x03, 0x16,0x02, 0x16,0x0D, 0x17,0x03,
0x16,0x03, 0x15,0x03, 0x10,0x03, 0x10,0x0D, 0x15,0x00,
0x19,0x03, 0x19,0x03, 0x1A,0x03, 0x1F,0x03, 0x1B,0x03,
0x1B,0x03, 0x1A,0x03, 0x17,0x0D, 0x16,0x03, 0x16,0x03,
0x16,0x0D, 0x17,0x01, 0x17,0x03, 0x17,0x03, 0x19,0x03,
0x1A,0x02, 0x1A,0x02, 0x10,0x03, 0x17,0x0D, 0x16,0x03,
0x16,0x01, 0x17,0x03, 0x19,0x03, 0x19,0x03, 0x17,0x03,
0x19,0x02, 0x1F,0x02, 0x1B,0x03, 0x1A,0x03, 0x1A,0x0E,
0x1B,0x04, 0x17,0x02, 0x1A,0x03, 0x1A,0x03, 0x1A,0x0E,
0x1B,0x04, 0x1A,0x03, 0x19,0x03, 0x17,0x03, 0x16,0x03,
0x17,0x0D, 0x16,0x03, 0x17,0x03, 0x19,0x01, 0x19,0x03,
0x19,0x03, 0x1A,0x03, 0x1F,0x03, 0x1B,0x03, 0x1B,0x03,
0x1A,0x03, 0x17,0x0D, 0x16,0x03, 0x16,0x03, 0x16,0x03,
0x17,0x01, 0x17,0x03, 0x17,0x03, 0x19,0x03, 0x1A,0x02,
0x1A,0x02, 0x10,0x03, 0x17,0x0D, 0x16,0x03, 0x16,0x01,
0x17,0x03, 0x19,0x03, 0x19,0x03, 0x17,0x03, 0x19,0x03,
0x1F,0x02, 0x1B,0x03, 0x1A,0x03, 0x1A,0x0E, 0x1B,0x04,
0x17,0x02, 0x1A,0x03, 0x1A,0x03, 0x1A,0x0E, 0x1B,0x04,
0x17,0x16, 0x1A,0x03, 0x1A,0x03, 0x1A,0x0E, 0x1B,0x04,
0x1A,0x03, 0x19,0x03, 0x17,0x03, 0x16,0x03, 0x0F,0x02,
0x10,0x03, 0x15,0x00, 0x00,0x00 };
//北京欢迎你
unsigned char code Music_Bei[] = {
0x17,0x03, 0x19,0x03, 0x17,0x03, 0x16,0x03, 0x17,0x03,
0x16,0x03, 0x17,0x02, 0x17,0x67, 0x16,0x03, 0x10,0x03,
0x15,0x03, 0x17,0x03, 0x16,0x66, 0x16,0x03, 0x15,0x03,
0x10,0x03, 0x15,0x03, 0x16,0x03, 0x17,0x03, 0x19,0x03,
```

```
0x16,0x03, 0x17,0x03, 0x1A,0x03, 0x19,0x03, 0x0F,0x03,
0x16,0x03, 0x15,0x66, 0x16,0x03, 0x15,0x03, 0x10,0x03,
0x15,0x03, 0x16,0x03, 0x17,0x03, 0x19,0x03, 0x16,0x03,
0x17,0x03, 0x1A,0x03, 0x19,0x03, 0x19,0x03, 0x17,0x01,
0x16,0x03, 0x17,0x03, 0x16,0x03, 0x15,0x03, 0x19,0x67,
0x1A,0x04, 0x17,0x02, 0x10,0x03, 0x17,0x03, 0x16,0x03,
0x16,0x03, 0x15,0x66, 0x17,0x03, 0x19,0x03, 0x1F,0x03,
0x19,0x03, 0x1A,0x66, 0x19,0x03, 0x1A,0x03, 0x19,0x03,
0x17,0x03, 0x17,0x03, 0x19,0x03, 0x19,0x66, 0x17,0x03,
0x19,0x03, 0x1A,0x03, 0x1F,0x03, 0x20,0x03, 0x1F,0x03,
0x19,0x03, 0x17,0x03, 0x16,0x03, 0x19,0x02, 0x17,0x03,
0x17,0x01, 0x17,0x03, 0x19,0x03, 0x1F,0x03, 0x19,0x03,
0x1A,0x66, 0x1F,0x03, 0x20,0x67, 0x1F,0x04, 0x19,0x03,
0x17,0x03, 0x19,0x03, 0x1F,0x03, 0x1A,0x66, 0x17,0x03,
0x16,0x03, 0x17,0x03, 0x1A,0x03, 0x21,0x03, 0x20,0x66,
0x20,0x03, 0x1F,0x01, 0x1F,0x66, 0x17,0x03, 0x19,0x03,
0x15,0x03, 0x19,0x03, 0x1A,0x66, 0x1F,0x03, 0x20,0x66,
0x1F,0x04, 0x19,0x03, 0x17,0x03, 0x19,0x03, 0x1F,0x03,
0x1A,0x66, 0x17,0x03, 0x16,0x03, 0x17,0x03, 0x1A,0x03,
0x21,0x03, 0x20,0x0B, 0x20,0x0B, 0x20,0x0B, 0x20,0x0B,
0x20,0x02, 0x1F,0x03, 0x1F,0x0B, 0x1F,0x0B, 0x1F,0x0B,
0x1F,0x0B, 0x1F,0x0B, 0x00,0x00 };
// ******************************************************
void delay(uint i)                    //延时程序
{uint j;
for(j = 0;j<i;j++);
}
uchar checkkey()                       //检测有没有键按下
{uchar i ;
 uchar j ;
 j = 0x0f;
 P2 = j;
 i = P2;
 i = i&0x0f;
 if  (i == 0x0f) return (0);
  else return (0xff);
}
uchar keyscan()                        //键盘扫描程序
{
    uchar scancode;
    uchar codevalue;
```

```
    uchar a;
    uchar m = 0;
    uchar k;
    uchar i,j;
    if (checkkey() == 0) return (0xff);
    else
{delay(100);
    if (checkkey() == 0) return (0xff);
    else
    {
    scancode = 0xf7;m = 0x00;          //键盘行扫描初值,m 为列数
    for (i = 1;i<= 4;i++)
        {
        k = 0x10;
        P2 = scancode;
        a = P2;
        for (j = 0;j<4;j++)          //j 为行数
            {
            if ((a&k) == 0)
            {
            codevalue = m + j;
            while (checkkey()!= 0);
            return (codevalue);
            }
            else k = k<<1;
            }
        m = m + 4;
        scancode = ~scancode;          //为 scancode 右移时,移入的数为 1
        scancode = scancode>>1;
        scancode = ~scancode;
        }
    }
    }
}
main()
{
    int   x,i,led = 0;
    P3 = 0xff;
    InitialSound();
while(1)
    {
```

```
if (checkkey() == 0x00) continue;
  else
  {
    x = keyscan();              //调用键盘扫描程序
    switch(x)                   //监测按键
      {
      case 1：
      Play(Music_Girl,0,3,360);
      Delay1ms(500);break;
      case 2：
      Play(Music_Same,0,3,360);
      Delay1ms(500);break;
      case 3：
      Play(Music_Two,0,3,360);
      Delay1ms(500);break;
      case 4：
      Play(Music_Bei,0,3,360);
      Delay1ms(500);break;
      }
    delay(100);
  }
}
}
```

实验仿真结果如图 4-11 所示。

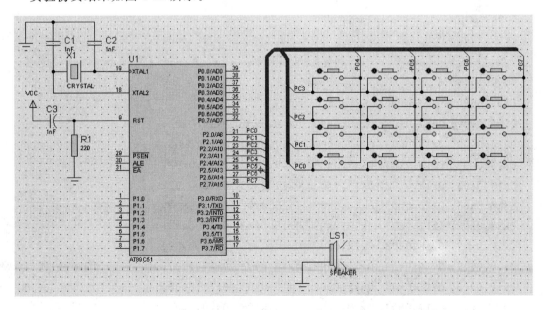

图 4-11　实验仿真结果

实验 12　参考程序

试通过本次实验所学习的程序,完成数码八音盒设计,当相应按键按下时,LCD1602 显示歌曲名,蜂鸣器播放相应歌曲的 C 语言程序。

C 语言程序:

```c
# include <REG52.H>
# include "SoundPlay.h"
# include "intrins.h"
# include "absacc.h"
# define uchar unsigned char
# define uint unsigned int
# define busy 0x80
sbit RS = P3^5;
sbit RW = P3^6;
sbit E = P3^7;
uchar a[] = {´0´,´1´,´2´,´3´,´4´,´5´,´6´,´7´,´8´,´9´,´a´,´b´,´c´,´d´,´e´,´f´,};
void Delay1ms(unsigned int count)
{
    unsigned int i,j;
    for(i = 0;i<count;i ++ )
    for(j = 0;j<120;j ++ );
}
// ******************** Music ********************************
//挥着翅膀的女孩
unsigned char code Music_Girl[] = {
0x17,0x02, 0x17,0x03, 0x18,0x03, 0x19,0x02, 0x15,0x03,
0x16,0x03, 0x17,0x03, 0x17,0x03, 0x17,0x03, 0x18,0x03,
0x19,0x02, 0x16,0x03, 0x17,0x03, 0x18,0x02, 0x18,0x03,
0x17,0x03, 0x15,0x02, 0x18,0x03, 0x17,0x03, 0x18,0x02,
0x10,0x03, 0x15,0x03, 0x16,0x02, 0x15,0x03, 0x16,0x03,
0x17,0x02, 0x17,0x03, 0x18,0x03, 0x19,0x02, 0x1A,0x03,
0x1B,0x03, 0x1F,0x03, 0x1F,0x03, 0x17,0x03, 0x18,0x03,
0x19,0x02, 0x16,0x03, 0x17,0x03, 0x18,0x03, 0x17,0x03,
0x18,0x03, 0x1F,0x03, 0x1F,0x02, 0x16,0x03, 0x17,0x03,
0x18,0x03, 0x17,0x03, 0x18,0x03, 0x20,0x03, 0x20,0x02,
0x1F,0x03, 0x1B,0x03, 0x1F,0x66, 0x20,0x03, 0x21,0x03,
0x20,0x03, 0x1F,0x03, 0x1B,0x03, 0x1F,0x66, 0x1F,0x03,
```

```
0x1B,0x03, 0x19,0x03, 0x19,0x03, 0x15,0x03, 0x1A,0x66,
0x1A,0x03, 0x19,0x03, 0x15,0x03, 0x15,0x03, 0x17,0x03,
0x16,0x66, 0x17,0x04, 0x18,0x04, 0x18,0x03, 0x19,0x03,
0x1F,0x03, 0x1B,0x03, 0x1F,0x66, 0x20,0x03, 0x21,0x03,
0x20,0x03, 0x1F,0x03, 0x1B,0x03, 0x1F,0x66, 0x1F,0x03,
0x1B,0x03, 0x19,0x03, 0x19,0x03, 0x15,0x03, 0x1A,0x66,
0x1A,0x03, 0x19,0x03, 0x19,0x03, 0x1F,0x03, 0x1B,0x03,
0x1F,0x00, 0x1A,0x03, 0x1A,0x03, 0x1A,0x03, 0x1B,0x03,
0x1B,0x03, 0x1A,0x03, 0x19,0x03, 0x19,0x02, 0x17,0x03,
0x15,0x17, 0x15,0x03, 0x16,0x03, 0x17,0x03, 0x18,0x03,
0x17,0x04, 0x18,0x0E, 0x18,0x03, 0x17,0x04, 0x18,0x0E,
0x18,0x66, 0x17,0x03, 0x18,0x03, 0x17,0x03, 0x18,0x03,
0x20,0x03, 0x20,0x02, 0x1F,0x03, 0x1B,0x03, 0x1F,0x66,
0x20,0x03, 0x21,0x03, 0x20,0x03, 0x1F,0x03, 0x1B,0x03,
0x1F,0x66, 0x1F,0x04, 0x1B,0x0E, 0x1B,0x03, 0x19,0x03,
0x19,0x03, 0x15,0x03, 0x1A,0x66, 0x1A,0x03, 0x19,0x03,
0x15,0x03, 0x15,0x03, 0x17,0x03, 0x16,0x66, 0x17,0x04,
0x18,0x04, 0x18,0x03, 0x19,0x03, 0x1F,0x03, 0x1B,0x03,
0x1F,0x66, 0x20,0x03, 0x21,0x03, 0x20,0x03, 0x1F,0x03,
0x1B,0x03, 0x1F,0x66, 0x1F,0x03, 0x1B,0x03, 0x19,0x03,
0x19,0x03, 0x15,0x03, 0x1A,0x66, 0x1A,0x03, 0x19,0x03,
0x19,0x03, 0x1F,0x03, 0x1B,0x03, 0x1F,0x00, 0x18,0x02,
0x18,0x03, 0x1A,0x03, 0x19,0x0D, 0x15,0x03, 0x15,0x02,
0x18,0x66, 0x16,0x02, 0x17,0x02, 0x15,0x00, 0x00,0x00};
//同一首歌
unsigned char code Music_Same[] = {
0x0F,0x01, 0x15,0x02, 0x16,0x02, 0x17,0x66, 0x18,0x03,
0x17,0x02, 0x15,0x02, 0x16,0x01, 0x15,0x02, 0x10,0x02,
0x15,0x00, 0x0F,0x01, 0x15,0x02, 0x16,0x02, 0x17,0x02,
0x17,0x03, 0x18,0x03, 0x19,0x02, 0x15,0x02, 0x18,0x66,
0x17,0x03, 0x19,0x02, 0x16,0x03, 0x17,0x03, 0x16,0x00,
0x17,0x01, 0x19,0x02, 0x1B,0x02, 0x1B,0x70, 0x1A,0x03,
0x1A,0x01, 0x19,0x02, 0x19,0x03, 0x1A,0x03, 0x1B,0x02,
0x1A,0x0D, 0x19,0x03, 0x17,0x00, 0x18,0x66, 0x18,0x03,
0x19,0x02, 0x1A,0x02, 0x19,0x0C, 0x18,0x0D, 0x17,0x03,
0x16,0x01, 0x11,0x02, 0x11,0x03, 0x10,0x03, 0x0F,0x0C,
0x10,0x02, 0x15,0x00, 0x1F,0x01, 0x1A,0x01, 0x18,0x66,
0x19,0x03, 0x1A,0x01, 0x1B,0x02, 0x1B,0x03, 0x1B,0x03,
0x1B,0x0C, 0x1A,0x0D, 0x19,0x03, 0x17,0x00, 0x1F,0x01,
0x1A,0x01, 0x18,0x66, 0x19,0x03, 0x1A,0x01, 0x10,0x02,
0x10,0x03, 0x10,0x03, 0x1A,0x0C, 0x18,0x0D, 0x17,0x03,
```

```
0x16,0x00, 0x0F,0x01, 0x15,0x02, 0x16,0x02, 0x17,0x70,
0x18,0x03, 0x17,0x02, 0x15,0x03, 0x15,0x03, 0x16,0x66,
0x16,0x03, 0x16,0x02, 0x16,0x03, 0x15,0x03, 0x10,0x02,
0x10,0x01, 0x11,0x01, 0x11,0x66, 0x10,0x03, 0x0F,0x0C,
0x1A,0x02, 0x19,0x02, 0x16,0x03, 0x16,0x03, 0x18,0x66,
0x18,0x03, 0x18,0x02, 0x17,0x03, 0x16,0x03, 0x19,0x00,
0x00,0x00 };
//两只蝴蝶
unsigned char code Music_Two[] = {
0x17,0x03, 0x16,0x03, 0x17,0x01, 0x16,0x03, 0x17,0x03,
0x16,0x03, 0x15,0x01, 0x10,0x03, 0x15,0x03, 0x16,0x02,
0x16,0x0D, 0x17,0x03, 0x16,0x03, 0x15,0x03, 0x10,0x03,
0x10,0x0E, 0x15,0x04, 0x0F,0x01, 0x17,0x03, 0x16,0x03,
0x17,0x01, 0x16,0x03, 0x17,0x03, 0x16,0x03, 0x15,0x01,
0x10,0x03, 0x15,0x03, 0x16,0x02, 0x16,0x0D, 0x17,0x03,
0x16,0x03, 0x15,0x03, 0x10,0x03, 0x15,0x03, 0x16,0x01,
0x17,0x03, 0x16,0x03, 0x17,0x01, 0x16,0x03, 0x17,0x03,
0x16,0x03, 0x15,0x01, 0x10,0x03, 0x15,0x03, 0x16,0x02,
0x16,0x0D, 0x17,0x03, 0x16,0x03, 0x15,0x03, 0x10,0x03,
0x10,0x0E, 0x15,0x04, 0x0F,0x01, 0x17,0x03, 0x19,0x03,
0x19,0x01, 0x19,0x03, 0x1A,0x03, 0x19,0x03, 0x17,0x01,
0x16,0x03, 0x16,0x03, 0x16,0x02, 0x16,0x0D, 0x17,0x03,
0x16,0x03, 0x15,0x03, 0x10,0x03, 0x10,0x0D, 0x15,0x00,
0x19,0x03, 0x19,0x03, 0x1A,0x03, 0x1F,0x03, 0x1B,0x03,
0x1B,0x03, 0x1A,0x03, 0x17,0x0D, 0x16,0x03, 0x16,0x03,
0x16,0x0D, 0x17,0x01, 0x17,0x03, 0x17,0x03, 0x19,0x03,
0x1A,0x02, 0x1A,0x02, 0x10,0x03, 0x17,0x0D, 0x16,0x03,
0x16,0x01, 0x17,0x03, 0x19,0x03, 0x19,0x03, 0x17,0x03,
0x19,0x02, 0x1F,0x02, 0x1B,0x03, 0x1A,0x03, 0x1A,0x0E,
0x1B,0x04, 0x17,0x02, 0x1A,0x03, 0x1A,0x03, 0x1A,0x0E,
0x1B,0x04, 0x1A,0x03, 0x19,0x03, 0x17,0x03, 0x16,0x03,
0x17,0x0D, 0x16,0x03, 0x17,0x03, 0x19,0x01, 0x19,0x03,
0x19,0x03, 0x1A,0x03, 0x1F,0x03, 0x1B,0x03, 0x1B,0x03,
0x1A,0x03, 0x17,0x0D, 0x16,0x03, 0x16,0x03, 0x16,0x03,
0x17,0x01, 0x17,0x03, 0x17,0x03, 0x19,0x03, 0x1A,0x02,
0x1A,0x02, 0x10,0x03, 0x17,0x0D, 0x16,0x03, 0x16,0x01,
0x17,0x03, 0x19,0x03, 0x19,0x03, 0x17,0x03, 0x19,0x03,
0x1F,0x02, 0x1B,0x03, 0x1A,0x03, 0x1A,0x0E, 0x1B,0x04,
0x17,0x02, 0x1A,0x03, 0x1A,0x03, 0x1A,0x0E, 0x1B,0x04,
0x17,0x16, 0x1A,0x03, 0x1A,0x03, 0x1A,0x0E, 0x1B,0x04,
0x1A,0x03, 0x19,0x03, 0x17,0x03, 0x16,0x03, 0x0F,0x02,
```

```
0x10,0x03, 0x15,0x00, 0x00,0x00 };
//北京欢迎你
unsigned char code Music_Bei[] = {
0x17,0x03, 0x19,0x03, 0x17,0x03, 0x16,0x03, 0x17,0x03,
0x16,0x03, 0x17,0x02, 0x17,0x67, 0x16,0x03, 0x10,0x03,
0x15,0x03, 0x17,0x03, 0x16,0x66, 0x16,0x03, 0x15,0x03,
0x10,0x03, 0x15,0x03, 0x16,0x03, 0x17,0x03, 0x19,0x03,
0x16,0x03, 0x17,0x03, 0x1A,0x03, 0x19,0x03, 0x0F,0x03,
0x16,0x03, 0x15,0x66, 0x16,0x03, 0x15,0x03, 0x10,0x03,
0x15,0x03, 0x16,0x03, 0x17,0x03, 0x19,0x03, 0x16,0x03,
0x17,0x03, 0x1A,0x03, 0x19,0x03, 0x19,0x03, 0x17,0x01,
0x16,0x03, 0x17,0x03, 0x16,0x03, 0x15,0x03, 0x19,0x67,
0x1A,0x04, 0x17,0x02, 0x10,0x03, 0x17,0x03, 0x16,0x03,
0x16,0x03, 0x15,0x66, 0x17,0x03, 0x19,0x03, 0x1F,0x03,
0x19,0x03, 0x1A,0x66, 0x19,0x03, 0x1A,0x03, 0x19,0x03,
0x17,0x03, 0x17,0x03, 0x19,0x03, 0x19,0x66, 0x17,0x03,
0x19,0x03, 0x1A,0x03, 0x1F,0x03, 0x20,0x03, 0x1F,0x03,
0x19,0x03, 0x17,0x03, 0x16,0x03, 0x19,0x02, 0x17,0x03,
0x17,0x01, 0x17,0x03, 0x19,0x03, 0x1F,0x03, 0x19,0x03,
0x1A,0x66, 0x1F,0x03, 0x20,0x67, 0x1F,0x04, 0x19,0x03,
0x17,0x03, 0x19,0x03, 0x1F,0x03, 0x1A,0x66, 0x17,0x03,
0x16,0x03, 0x17,0x03, 0x1A,0x03, 0x21,0x03, 0x20,0x66,
0x20,0x03, 0x1F,0x01, 0x1F,0x66, 0x17,0x03, 0x19,0x03,
0x15,0x03, 0x19,0x03, 0x1A,0x66, 0x1F,0x03, 0x20,0x66,
0x1F,0x04, 0x19,0x03, 0x17,0x03, 0x19,0x03, 0x1F,0x03,
0x1A,0x66, 0x17,0x03, 0x16,0x03, 0x17,0x03, 0x1A,0x03,
0x21,0x03, 0x20,0x0B, 0x20,0x0B, 0x20,0x0B, 0x20,0x0B,
0x20,0x02, 0x1F,0x03, 0x1F,0x0B, 0x1F,0x0B, 0x1F,0x0B,
0x1F,0x0B, 0x1F,0x0B, 0x00,0x00 };
// ************************************************************
void delay(uint i)                    //延时程序
{uint j;
for(j = 0;j<i;j + + );
}
void delay_LCM(uchar k)               //延时函数
{
    uint i,j;
    for(i = 0;i<k;i + + )
    {
        for(j = 0;j<60;j + + )
            {;}
```

```
        }
    }
    void test_1602busy()                  //测忙函数
    {
        P1 = 0xff;
        E = 1;
        RS = 0;
        RW = 1;
        _nop_();
        _nop_();
        while(P1&busy)                     //检测 LCD busy 是否为 1
        {   E = 0;
            _nop_();
            E = 1;
            _nop_();
        }
        E = 0;
    }
    void write_1602Command(uchar co)      //写命令函数
    {

        test_1602busy();                  //检测 LCD 是否忙
        RS = 0;
        RW = 0;
        E = 0;
        _nop_();
        P1 = co;
        _nop_();
        E = 1;                            //LCD 的使能端 高电平有效
        _nop_();
        E = 0;
    }
    void write_1602Data(uchar Data)       //写数据函数
    {
        test_1602busy();
        P1 = Data;
        RS = 1;
        RW = 0;
        E = 1;
        _nop_();
```

```
      E = 0;
}
void init_1602(void)                    //初始化函数
{
  write_1602Command(0x38);              //LCD 功能设定,DL = 1(8 位),N = 1(2 行显示)
  delay_LCM(5);
  write_1602Command(0x01);              //清除 LCD 的屏幕
  delay_LCM(5);
  write_1602Command(0x06);              //LCD 模式设定,I/D = 1(计数地址加 1)
  delay_LCM(5);
  write_1602Command(0x0F);              //显示屏幕
  delay_LCM(5);
}
void DisplayOneChar(uchar X,uchar Y,uchar DData)
{
    Y& = 1;
    X& = 15;
    if(Y)X| = 0x40;                     //若 y 为 1(显示第二行),地址码 + 0X40
    X| = 0x80;                          //指令码为地址码 + 0X80
    write_1602Command(X);
    write_1602Data(DData);
}
void display_1602(uchar  * DData,X,Y)//显示函数
{
    uchar ListLength = 0;
    Y& = 0x01;
    X& = 0x0f;
    while(X<16)
    {
        DisplayOneChar(X,Y,DData[ListLength]);
        ListLength ++ ;
        X ++ ;
    }
}
uchar checkkey()                        //检测有没有键按下
{uchar i ;
 uchar j ;
 j = 0x0f;
 P2 = j;
 i = P2;
```

```
    i = i&0x0f;
  if  (i == 0x0f) return (0);
   else return (0xff);
  }
uchar keyscan()                        //键盘扫描程序
{
    uchar scancode;
    uchar codevalue;
    uchar a;
    uchar m = 0;
    uchar k;
    uchar i,j;
    if (checkkey() == 0) return (0xff);
    else
    {delay(100);
    if (checkkey() == 0) return (0xff);
    else
    {
    scancode = 0xf7;m = 0x00;           //键盘行扫描初值,m为列数
    for (i = 1;i <= 4;i ++)
        {
        k = 0x10;
        P2 = scancode;
        a = P2;
        for (j = 0;j<4;j ++)        //j为行数
          {
            if ((a&k) == 0)
            {
              codevalue = m + j;
              while (checkkey()!= 0);
              return (codevalue);
            }
            else k = k<<1;
          }
        m = m + 4;
        scancode = ~scancode;       //为 scancode 右移时,移入的数为1
        scancode = scancode>>1;
        scancode = ~scancode;
        }
    }
```

```
        }
}
void main()
{
    uint   x,led = 0;
    uchar * s, * b, * c, * d, * e;
    uchar z;
    uchar i = 0,j = 0;                  //i 为 LCD 的行,j 为 LCD 的列
    InitialSound();
 delay_LCM(15);
 init_1602();                        //1602 初始化
    write_1602Command(0x01);         //清除 LCD 的屏幕
    s = "song：              ";
 delay_LCM(200);
 delay_LCM(200);
 delay_LCM(200);
    while(1)
    {
      if (checkkey() == 0x00) continue;
        else
        {
          x = keyscan();             //调用键盘扫描程序
          switch(x)                  //监测按键
            {
            case 1：
            write_1602Command(0x01); //清除 LCD 的屏幕
            display_1602(s,0,0);     //第一行显示"song："       "
            b = "Girl waves wings";
            DisplayOneChar(6,0,a[x]);
            display_1602(b,0,1);
            Play(Music_Girl,0,3,360);
            Delay1ms(500);break;
            case 2：
            write_1602Command(0x01); //清除 LCD 的屏幕
            display_1602(s,0,0);
            c = "The same song      ";
            DisplayOneChar(6,0,a[x]);
            display_1602(c,0,1);
            Play(Music_Same,0,3,360);
            Delay1ms(500);break;
```

```
        case 3：
        write_1602Command(0x01)；//清除 LCD 的屏幕
        display_1602(s,0,0)；
        d = "Two butterflies"；
        DisplayOneChar(6,0,a[x])；
        display_1602(d,0,1)；
        Play(Music_Two,0,3,360)；
        Delay1ms(500);break；
        case 4：
        write_1602Command(0x01)；//清除 LCD 的屏幕
        display_1602(s,0,0)；
        e = "Welcome Beijing!"；
        DisplayOneChar(6,0,a[x])；
        display_1602(e,0,1)；
        Play(Music_Bei,0,3,360)；
        Delay1ms(500);break；
        }
      delay(100)；
      }
    }
}
```

实验仿真结果如图 4-12 所示。

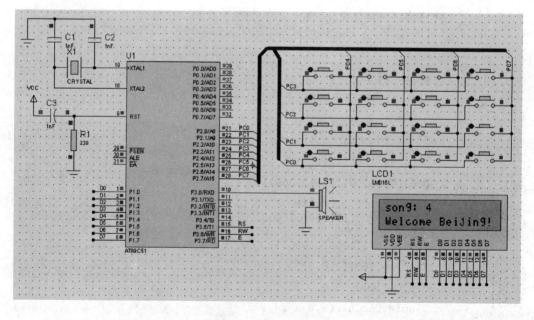

图 4-12　实验仿真结果

实验 13　参考程序

试通过本次实验所学习的程序,完成转速可调步进电机(转速 1~5 级)的 C 语言程序。

C 语言程序:

```c
#include"reg51.h"
#include"intrins.h"
#include"absacc.h"
#define busy   0x80
#define uchar unsigned char
#define uint   unsigned int
sbit RS = P2^3;
sbit RW = P2^4;
sbit E = P2^5;
sbit KEY1 = P2^0;
sbit KEY2 = P2^1;
sbit KEY3 = P2^2;
uchar code tab[8] = {0x02,0x06,0x04,0x0c,0x08,0x09,0x01,0x03};   //控制代码
uchar temp;
void delay(uchar k)                                              //延时函数
{
    uint i,j;
    for(i = 0;i<k;i++)
    {
        for(j = 0;j<60;j++)
            {;}
    }
}
void test_1602busy()                                             //测忙函数
{
    P0 = 0xff;
    E = 1;
    RS = 0;
    RW = 1;
    _nop_();
    _nop_();
    while(P0&busy)                          //检测 LCD busy 是否为 1
```

```
    {   E = 0;
        _nop_();
        E = 1;
        _nop_();
    }
    E = 0;
}
void write_1602Command(uchar co)          //写命令函数
{
    test_1602busy();                      //检测 LCD 是否忙
    RS = 0;
    RW = 0;
    E = 0;
    _nop_();
    P0 = co;
    _nop_();
    E = 1;                                //LCD 的使能端 高电平有效
    _nop_();
    E = 0;
}
void write_1602Data(uchar Data)          //写数据函数
{
    test_1602busy();
    P0 = Data;
    RS = 1;
    RW = 0;
    E = 1;
    _nop_();
    E = 0;
}
void init_1602(void)                     //初始化函数
{
    write_1602Command(0x38);             //LCD 功能设定,DL = 1(8 位),N = 1(2 行显示)
    delay(5);
    write_1602Command(0x01);             //清除 LCD 的屏幕
    delay(5);
    write_1602Command(0x06);             //LCD 模式设定,I/D = 1(计数地址加 1)
    delay(5);
    write_1602Command(0x0F);             //显示屏幕
    delay(5);
```

```
    write_1602Command(0x0c);              //消除光标
}
void DisplayOneChar(uchar X,uchar Y,uchar DData)
{
    Y& = 1；
    X& = 15；
    if(Y)X| = 0x40;                      //若 y 为 1(显示第二行),地址码 + 0X40
    X| = 0x80;                           //指令码为地址码 + 0X80
    write_1602Command(X);
    write_1602Data(DData);
}
void display_1602(uchar  ∗ DData,X,Y)    //显示函数
{
    uchar ListLength = 0;
    Y& = 0x01;
    X& = 0x0f;
    while(X<16)
    {
        DisplayOneChar(X,Y,DData[ListLength]);
        ListLength + + ;
        X + + ;
    }
}
void main()
{
  uchar i = 0;
  uchar delay_v = 100;
  uchar flag = 0;
  P1 = 0xff;
  P2 = 0xff;
  init_1602();
  display_1602("STA：    SPD：    ",0,0);  //显示基本字符
  display_1602("    RUN：        ",0,1);
  while(1)
  {
  if (KEY2 = = 1) DisplayOneChar(4,0,'Z'), //正反转显示
  else  DisplayOneChar(4,0,'F');
  if (KEY3 = = 0)
  {
    i + + ;
```

```
            i = i % 5;
            while(KEY3 == 0)
            {;}
        }
        switch(i)
        {
case 0：delay_v = 100;DisplayOneChar(13,0,′1′);break; //显示运行速度为 1
    case 1：delay_v = 85; DisplayOneChar(13,0,′2′);break;//显示运行速度为 2
    case 2：delay_v = 70; DisplayOneChar(13,0,′3′);break;//显示运行速度为 3
        case 3：delay_v = 55; DisplayOneChar(13,0,′4′);break;//显示运行速度为 4
        case 4：delay_v = 40; DisplayOneChar(13,0,′5′);break;//显示运行速度为 5
        }
        if (KEY1 == 0)
        {
            display_1602(″    RUN：on    ″,0,1);    //显示运行
            if (flag == 0)
            {
                if(KEY2 == 1)                //首次按键正转 9 度
                    {temp = 0;
                    P1 = tab[temp];
                    flag = 1;
                    delay(delay_v);
                    }
                if(KEY2 == 0)                //首次按键反转 9 度
                    {temp = 6;
                    P1 = tab[temp];
                    flag = 1;
                    delay(delay_v);
                    }
            }
                if(KEY2 == 1)                //正转
                    {temp ++ ;
                    if (temp == 8)           //是否结束标志
                    {temp = 0;}
                    P1 = tab[temp];
                    delay(delay_v);
                    }
                if(KEY2 == 0)                //反转
                    {temp -- ;
                    if (temp == 0xff)        //是否结束标志
```

```
        {temp = 7;}
        P1 = tab[temp];
        delay(delay_v);
        }
    }
    else display_1602("      RUN: off      ",0,1);              //显示停
    }
}
```

实验仿真结果如图 4-13 所示。

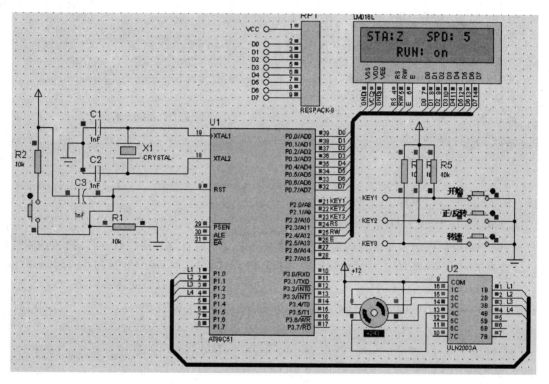

图 4-13　实验仿真结果

实验 14　参考程序

试通过本次实验所学习的程序,完成温度检测报警系统设计,温度到达 30 ℃时报警的 C
语言程序。

C 语言参考程序:

```c
# include<reg51.h>
# include<intrins.h>
# include<absacc.h>
# define uchar unsigned char
# define uint unsigned int
sbit DQ      = P2^0;                          //定义 DS18B20 端口 DQ
sbit RS      = P3^5;
sbit RW      = P3^6;
sbit E       = P3^7;
sbit buz     = P2^7;
uchar temp_data_l,temp_data_h;
uchar code LCDData[10] = {0x30,0x31,0x32,0x33,0x34,0x35,0x36,0x37,0x38,0x39};
uchar code ditab[16] = {0x30,0x31,0x31,0x32,0x33,0x33,0x34,0x34,0x35,0x36,
                        0x36,0x37,0x38,0x38,0x39,0x39};
uchar code table2[16] = {0x74,0x65,0x6d,0x70,0x65,0x72,0x61,0x74,0x75,0x72,
                         0x65,0x20,0x69,0x53,0x20,0x3a};
uchar    display[7] = {0x00,0x00,0x00,0x2e,0x00,0xdf,0x43};
// *********************************
//          延时程序
// *********************************
void delay(uint N)
{
  uint i;
  for(i = 0;i<N;i ++);
}
// *********************************
//          初始化 DS18B20 程序
// *********************************
bit resetpulse(void)
{
      DQ = 0;
```

```
        delay(40);                    //延时 500 us
        DQ = 1;
        delay(4);                     //延时 60 us
        return(DQ);
}
/ * * * * * * * * * * * * * * * * * * * * * * * * * * * * * * * * * * * * * * * * * * *
** 功能:DS18b20 的初始化                                          **
** 参数:无                                                       **
 * * * * * * * * * * * * * * * * * * * * * * * * * * * * * * * * * * * * * * * * * * * /
void ds18b20_init(void)
{
    while(1)
    {
        if(! resetpulse())            //收到 DS18B20 的应答信号
        {
            DQ = 1;
            delay(40);                //延时 240 us
            break;
        }
        else
            resetpulse();             //否则再发复位信号
    }
}
// * * * * * * * * * * * * * * * * * * * * * * * * * * * * * * *
//                  读一位程序
// * * * * * * * * * * * * * * * * * * * * * * * * * * * * * * *
uchar read_bit(void)
{
  DQ = 0;
  _nop_();
  _nop_();
  DQ = 1;
  delay(2);
  return(DQ);
 }
// * * * * * * * * * * * * * * * * * * * * * * * * * * * * * * * * *
//                  读一个字节程序
// * * * * * * * * * * * * * * * * * * * * * * * * * * * * * * * * *
uchar read_byte(void)
{
```

```
uchar i,shift,temp;
shift = 1;
temp = 0;
for(i = 0;i<8;i++)
{
    if(read_bit())
    {
    temp = temp + (shift<<i);
    }
    delay(7);
 }
    return(temp);
}
// *************************************
//                    写一位程序
// *************************************
void write_bit(uchar temp)
{
 DQ = 0;
 if(temp == 1)
 DQ = 1;
 delay(5);
 DQ = 1;
}
// *****************************************
//          向 DS18B20 写一个字节命令程序
// *****************************************
void write_byte(uchar val)
{
 uchar i,temp;
 for(i = 0;i<8;i++)
 {
  temp = val>>i;
  temp = temp&0x01;
  write_bit(temp);
  delay(5);
 }
}
// ********************************************
//     启动温度转换及读出温度值
```

```c
// ******************************************
void read_T(void)
{
    ds18b20_init();
    write_byte(0xCC);               //跳过读序号列号的操作
    write_byte(0x44);               //启动温度转换
    delay(500);
    ds18b20_init();
    write_byte(0xCC);               //跳过读序号列号的操作
    write_byte(0xBE);               //读取温度寄存器
    temp_data_l = read_byte();      //温度低 8 位
    temp_data_h = read_byte();      //温度高 8 位
}
/ ******************************************************
** 功能:判断 LCD 忙                                    **
** 参数:无                                             **
   ****************************************************** /
void check_busy(void)
{
    while(1)
    {
    P1 = 0xff;
    E = 0;
    _nop_();
    RS = 0;
    _nop_();
    _nop_();
    RW = 1;
    _nop_();
    _nop_();
    E = 1;
    _nop_();
    _nop_();
    _nop_();
    _nop_();
    f((P1&0x80) == 0)
    {
        break;
    }
    E = 0;
```

```
    }
}
// **********************************************
//              将数据码写入 LCD 数据寄存器
// **********************************************
void write_command(uchar tempdata)
{
    E = 0;
    _nop_();
    _nop_();
    RS = 0;
    _nop_();
    _nop_();
    RW = 0;
    P1 = tempdata;
    _nop_();
    _nop_();
    E = 1;
    _nop_();
    _nop_();
    E = 0;
    _nop_();
    check_busy();
}
// **********************************************
//              写 LCD1602 使能程序
// **********************************************
void write_data(uchar tempdata)
{
    E = 0;
    _nop_();
    _nop_();
    RS = 1;
    _nop_();
    _nop_();
    RW = 0;
    P1 = tempdata;
    _nop_();
    _nop_();
    E = 1;
```

```
        _nop_();
        _nop_();
        E = 0;
        _nop_();
        check_busy();
}
//*********************************************
//                  温度处理及显示
//*********************************************
uchar convert_T()
{
    uchar temp;
        if((temp_data_h&0xf0) == 0xf0)
            {
                temp_data_l = ~temp_data_l;
                if(temp_data_l == 0xff)
                    {
                        temp_data_l = temp_data_l + 0x01;
                        temp_data_h = ~temp_data_h;
                        temp_data_h = temp_data_h + 0x01;
                    }
                else
                    {
                        temp_data_l = temp_data_l + 0x01;
                        temp_data_h = ~temp_data_h;
                    }
                        display[4] = ditab[temp_data_l&0x0f];    //查表得小数位的值
                        temp = ((temp_data_l&0xf0)>>4)|((temp_data_h&0x0f)<<4);
                        display[0] = 0x2d;
                        display[1] = LCDData[(temp%100)/10];
                        display[2] = LCDData[(temp%100)%10];
            }
        else
            {
                        display[4] = ditab[temp_data_l&0x0f];    //查表得小数位的值
                        temp = ((temp_data_l&0xf0)>>4)|((temp_data_h&0x0f)<<4);
                        display[0] = LCDData[temp/100];
                        display[1] = LCDData[(temp%100)/10];
                        display[2] = LCDData[(temp%100)%10];
            }
```

```
                    return temp;
}
// *********************************************
//                      初始化 LCD1602
// *********************************************
void init()
{
 write_command(0x01);
 write_command(0x38);
 write_command(0x0C);
 write_command(0x06);
}
// *********************************************
//                      显示子程序
// *********************************************
void display_T(void)
{
   uchar i;
   write_command(0x80);
   for(i = 0;i<16;i++)
   {
      write_data(table2[i]);
   }
   write_command(0xc0);
   for(i = 0;i<7;i++)
   {
      write_data(display[i]);
   }
}
// *********************************************
//                      主函数
// *********************************************
void main(void)
{
    uchar x;
    buz = 0;
   init();
   while(1)
   {
      read_T();
```

```
        x = convert_T();
        display_T();
            if(x > = 30)
                buz = 1;
            else
                buz = 0;
        }
}
```

实验仿真结果如图 4-14 所示。

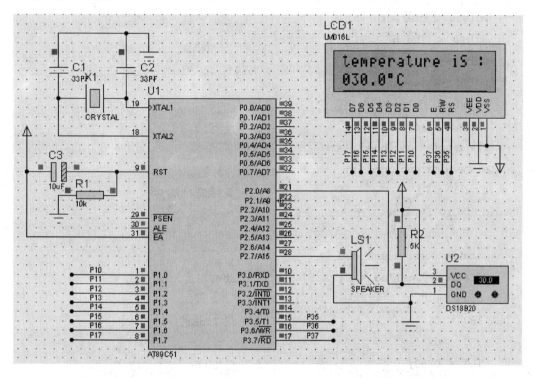

图 4-14 实验仿真结果

实验 15 参考程序

试通过本次实验所学习的程序,完成万年历电子钟设计,实时显示日期、时间、温度。
C 语言参考程序:

```c
#include < reg52.h >
#include < character.h >
#include < lcd.h >
#include < clock.h >
#include < sensor.h >
#include < calendar.h >
#include < key.h >
#define uchar unsigned char
#define uint unsigned int
sbit bell = P2 ^ 0;                    //定义蜂鸣器端口
void Timer0_Service() interrupt 1
{
    static uchar count = 0;
    static uchar flag = 0;             //记录鸣叫的次数
    count = 0;
    TR0 = 0;                           //关闭 Timer0
    TH0 = 0x3c;
    TL0 = 0XB0;                        //延时 50 ms
    TR0 = 1;                           //启动 Timer0
    count ++;
    if( count == 20 )                  //鸣叫 1 s
    {
        bell = ~ bell;
        count = 0;
        flag ++;
    }
    if( flag == 6 )
    {
        flag = 0;
        TR0 = 0;                       //关闭 Timer0
    }
```

```
}
uchar HexNum_Convert(uchar HexNum)
{
uchar Numtemp;
Numtemp = (HexNum>>4) * 10 + (HexNum&0X0F);
return Numtemp;
}
void main( void )
{
    uchar clock_time[6] = {0X00,0X59,0X23,0X09,0X04,0X11};
                                                    //定义时间变量秒分时日月年
    uchar alarm_time[2] = {10,06};
                                //闹钟设置 alarm_time[0]:分钟 alarm_time[1]:小时
    uchar temperature[2];
                        //定义温度变量 temperature[0] 低8位 temperature[1] 高8位
    Lcd_Initial();                      //LCD初始化
    Clock_Fresh( clock_time );          //时间刷新,proteus会调用当前系统时间
    Clock_Initial( clock_time );        //时钟初始化
    EA = 1;                             //开总中断
    ET0 = 1;                            //Timer0 开中断
    ET2 = 1;                            //Timer2 开中断
    TMOD = 0x01 ;                       //Timer0 工作方式1
    RCAP2H = 0x3c;
    RCAP2L = 0xb0;                      //Timer2 延时 50 ms
    while( 1 )
    {
        switch( Key_Scan() )
        {
            case up_array:
                    {
                        Key_Idle();
                    }
                        break;
            case down_array:
                    {
                        Key_Idle();
                    }
                        break;
```

```
            case clear_array:
                    {
                            Key_Idle();
                    }
                    break;
            case function_array:{
                            Key_Function( clock_time, alarm_time );
                    }
            case null:
                    {
                    Clock_Fresh( clock_time );          //时间刷新
                    Lcd_Clock( clock_time );            //时间显示
                    Sensor_Fresh( temperature );        //温度更新
                    Lcd_Temperture( temperature );      //温度显示
                    Calendar_Convert( 0 , clock_time );
                    Week_Convert( 0, clock_time );
                    //整点报时
                    if(( * clock_time == 0x59)&&( * (clock_time + 1) == 0x59))
                    {
                      bell = 0;
                      TR2 = 1;                          //启动 Timer2
                    }
                    //闹钟报警
        if( * alarm_time == HexNum_Convert( * ( clock_time + 1 ) ))
                                                        //分钟相吻合
        if( * ( alarm_time + 1 ) == HexNum_Convert( * ( clock_time + 2 ) ) )
                                                        //小时相吻合
                    {
                            bell = 0;
                            TR2 = 1;                    //启动 Timer2
                    }
                    }
            break;
    }
 }
}
```

实验仿真结果如图 4-15 所示。

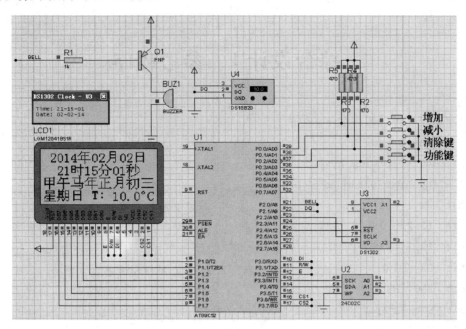

图 4-15　实验仿真结果

综合设计 1   参考程序

数字电压表设计程序如下：

```c
#include<reg51.h>
#include<intrins.h>
#define uchar unsigned char
sbit   P2_1 = P2^1;                      //定义数码管位码端口
sbit   P2_2 = P2^2;
sbit   P2_3 = P2^3;
sbit   OE = P3^0;                        //定义 ADC0809 端口
sbit   EOC = P3^1;
sbit   ST = P3^2;
sbit   P3_4 = P3^4;
sbit   P3_5 = P3^5;
sbit   P3_6 = P3^6;
uchar   code   leddata_dot[] = {0x40,0x79,0x24,0x30,0x19,0x12};
                                         //带小数点的 0～5
uchar   code   leddata[] = {0xC0,0xF9,0xA4,0xB0,0x99,0x92,0x82,0xF8,0x80,0x90};
                                         //共阳极 0～9 十个段码
//延时子程序
void delay(uchar n)
{    uchar i,j;
        for(i = 0;i<n;i ++ )
          for(j = 0;j<125;j ++ );
}
//将 A/D 转换输出的数据转换成相应的电压值并且显示出来
void convert(uchar volt_data)
{
    uchar temp;
    P0 = leddata_dot[volt_data/51];      //A/D 转换的值,即为个位的电压值
    P2_1 = 1;                            //显示个位的值
    delay(3);
    P2_1 = 0;
    if((volt_data % 51)<0x19)            //余数小于 0x19,显示小数点后的第一位
      {
          P0 = leddata[(volt_data % 51) * 10/51];
```

```
            P2_2 = 1;
            delay(3);
            P2_2 = 0;
        }
    else
        {
            P0 = leddata[(volt_data % 51) * 10/51 + 5];    //余数大于0x19,结果再加上5
            P2_2 = 1;                              //显示小数点后的第一位
            delay(3);
            P2_2 = 0;
        }
        temp = (((volt_data % 51) * 10)/51) * 10 % 51;
    if(temp<0x19)                              //余数小于0x19,显示小数点后的第二位
        {
            P0 = leddata[temp * 10/51];
            P2_3 = 1;
            delay(3);
            P2_3 = 0;
        }
    else
        {
            P0 = leddata[temp * 10/51 + 5];    //余数大于0x19,结果再加上5
            P2_3 = 1;                          //显示小数点后的第二位
            delay(3);
            P2_3 = 0;
        }
}
void main()
{
    uchar volt_data;
    P3_4 = 1;                              //选择通道3
    P3_5 = 1;
    P3_6 = 0;
    while(1)
    {
        ST = 0;
        _nop_();
        ST = 1;
        _nop_();
        ST = 0;                              //启动 A/D 转换
```

```
    if(EOC == 0)                        //等待转换结束
    delay(100);
    while(EOC == 0);
    OE = 1;                             //允许输出
    volt_data = P1;                     //暂存转换结果
    OE = 0;                             //关闭输出
    convert(volt_data);                 //调用数据处理子程序
    }
}
```

设计仿真结果如图 4-16 所示。

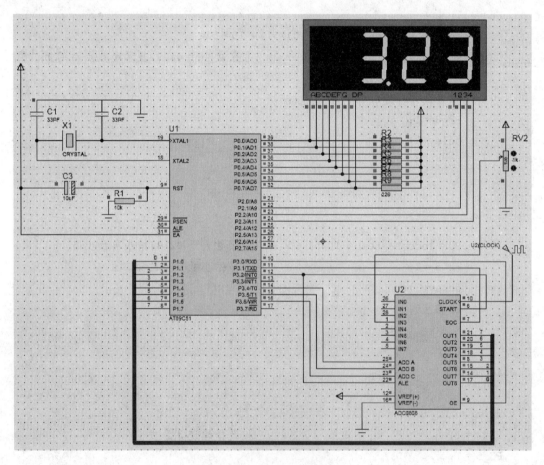

图 4-16　设计仿真结果

综合设计 2　参考程序

温度监测报警系统参考程序如下：

```c
#include<reg51.h>
#include<intrins.h>
#include<absacc.h>
#define uchar unsigned char
#define uint unsigned int
sbit DQ     = P2^0;                      //定义 DS18B20 端口 DQ
sbit RS     = P3^5;
sbit RW     = P3^6;
sbit E      = P3^7;
sbit buz    = P2^7;                      //定义蜂鸣器端口 buz
uchar temp_data_l,temp_data_h;
uchar code LCDData[10] = {0x30,0x31,0x32,0x33,0x34,0x35,0x36,0x37,0x38,0x39};
uchar code ditab[16] = {0x30,0x31,0x31,0x32,0x33,0x33,0x34,0x34,0x35,0x36,
                        0x36,0x37,0x38,0x38,0x39,0x39};
uchar code table2[16] = {0x74,0x65,0x6d,0x70,0x65,0x72,0x61,0x74,0x75,0x72,
                         0x65,0x20,0x69,0x53,0x20,0x3a};
uchar      display[7] = {0x00,0x00,0x00,0x2e,0x00,0xdf,0x43};
//          延时程序
void delay(uint N)
{
  uint i;
  for(i = 0;i<N;i++);
}
//          初始化 DS18B20 程序
bit resetpulse(void)
{
    DQ = 0;
    delay(40);                           //延时 500 us
    DQ = 1;
    delay(4);                            //延时 60 us
    return(DQ);
}
//          功能:DS18B20 的初始化
```

```
void ds18b20_init(void)
{
    while(1)
    {
        if(! resetpulse())              //收到 DS18B20 的应答信号
        {
            DQ = 1;
            delay(40);                  //延时 240 us
            break;
        }
        else
            resetpulse();               //否则再发复位信号
    }
}
//        读一位程序
uchar read_bit(void)
{
    DQ = 0;
    _nop_();
    _nop_();
    DQ = 1;
    delay(2);
    return(DQ);
}
//        读一个字节程序
uchar read_byte(void)
{
    uchar i,shift,temp;
    shift = 1;
    temp = 0;
    for(i = 0;i<8;i++)
    {
        if(read_bit())
        {
            temp = temp + (shift<<i);
        }
        delay(7);
    }
    return(temp);
}
```

```
//               写一位程序
void write_bit(uchar temp)
{
 DQ = 0;
 if(temp = = 1)
 DQ = 1;
 delay(5);
 DQ = 1;
}
//        向 DS18B20 写一个字节命令程序
void write_byte(uchar val)
{
 uchar i,temp;
 for(i = 0;i<8;i + + )
 {
  temp = val>>i;
  temp = temp&0x01;
  write_bit(temp);
  delay(5);
 }
}
//    启动温度转换及读出温度值
void read_T(void)
{
    ds18b20_init();
    write_byte(0xCC);                  //跳过读序号列号的操作
    write_byte(0x44);                  //启动温度转换
    delay(500);
    ds18b20_init();
    write_byte(0xCC);                  //跳过读序号列号的操作
    write_byte(0xBE);                  //读取温度寄存器
    temp_data_l = read_byte();         //温度低 8 位
    temp_data_h = read_byte();         //温度高 8 位
}
//    功能:判断 LCD 忙
void check_busy(void)
{
    while(1)
    {
    P1 = 0xff;
```

```
    E = 0;
    _nop_();
    RS = 0;
    _nop_();
    _nop_();
    RW = 1;
    _nop_();
    _nop_();
    E = 1;
    _nop_();
    _nop_();
    _nop_();
    _nop_();
    if((P1&0x80) = = 0)
    {
        break;
    }
    E = 0;
    }
}
//   将数据码写入 LCD 数据寄存器
void write_command(uchar tempdata)
{
    E = 0;
    _nop_();
    _nop_();
    RS = 0;
    _nop_();
    _nop_();
    RW = 0;
    P1 = tempdata;
    _nop_();
    _nop_();
    E = 1;
    _nop_();
    _nop_();
    E = 0;
    _nop_();
    check_busy();
}
```

```c
//　写 LCD1602 使能程序
void write_data(uchar tempdata)
{
    E = 0;
    _nop_();
    _nop_();
    RS = 1;
    _nop_();
    _nop_();
    RW = 0;
    P1 = tempdata;
    _nop_();
    _nop_();
    E = 1;
    _nop_();
    _nop_();
    E = 0;
    _nop_();
    check_busy();
}
//　　　　　温度处理及显示
int convert_T(void)
{
    uchar temp;
        if((temp_data_h&0xf0) == 0xf0)
          {
            temp_data_l = ~temp_data_l;
            if(temp_data_l == 0xff)
              {
                    temp_data_l = temp_data_l + 0x01;
                    temp_data_h = ~temp_data_h;
                    temp_data_h = temp_data_h + 0x01;
              }
            else
              {
                    temp_data_l = temp_data_l + 0x01;
                    temp_data_h = ~temp_data_h;
              }
                    display[4] = ditab[temp_data_l&0x0f];//查表得小数位的值
                    temp = ((temp_data_l&0xf0)>>4)|((temp_data_h&0x0f)<<4);
```

```
                display[0] = 0x2d;
                display[1] = LCDData[(temp % 100)/10];
                display[2] = LCDData[(temp % 100) % 10];
        }
    else
        {
                display[4] = ditab[temp_data_l&0x0f];//查表得小数位的值
                temp = ((temp_data_l&0xf0)>>4)|((temp_data_h&0x0f)<<4);
                display[0] = LCDData[temp/100];
                display[1] = LCDData[(temp % 100)/10];
                display[2] = LCDData[(temp % 100) % 10];
        }
        return temp;
}
//           初始化 LCD1602
void init()
{
 write_command(0x01);
 write_command(0x38);
 write_command(0x0C);
 write_command(0x06);
}
//           显示子程序
void display_T(void)
{
  uchar i;
  write_command(0x80);
  for(i = 0;i<16;i ++)
  {
    write_data(table2[i]);
  }
  write_command(0xc0);
  for(i = 0;i<7;i ++)
  {
    write_data(display[i]);
  }
}
//           主函数
void main(void)
{
```

```
    int t = 0;
init();
while(1)
{
  read_T();
  t = convert_T();
    display_T();
      if(t> = 30)
          buz = 1;
        else
          buz = 0;
  }
}
```

设计仿真结果如图 4-17 所示。

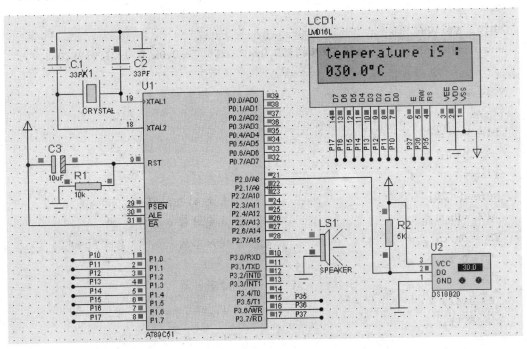

图 4-17 设计仿真结果

综合设计 3　参考程序

交通灯信号控制系统程序如下：

```
#include<reg51.h>
#define uchar unsigned char
uchar count,second,i,flag;
sbit h_red =  P2^1;                        //定义端口
sbit h_green =  P2^2;
sbit h_yellow =  P2^3;
sbit l_red =  P2^4;
sbit l_green =  P2^5;
sbit l_yellow =  P2^6;
uchar code table[] = {0x3F,0x06,0x5B,0x4F,0x66,0x6D,0x7D,0x07,0x7F,0x6F};
//          主程序
void main()
{
  P1 = 0x00;                               //关闭显示
  P3 = 0x00;
  flag = 1;                                //置标志位
  second = 20;                             //状态 1,4,红绿灯亮 20 s
  TMOD = 0x01;                             //设置定时器 0 为方式 1
  TH0 = 0x3c;                              //置定时器的初始值,定时 50 ms
  TL0 = 0xb0;
  TR0 = 1;                                 //启动定时器
  IE = 0x82;                               //允许中断
  while(1);
}
//状态 1,东西方向绿灯亮,南北方向红灯亮
void state1(void)
{
  h_red = 1;                               //东西方向绿灯亮
  h_green = 0;
  h_yellow = 0;
  l_red = 0;
  l_green = 1;
  l_yellow = 0;                            //南北方向红灯亮
```

```
}
```

//状态 2,东西方向绿灯闪,南北方向红灯亮

```c
void state2(void)
{
    h_red = 1;
    h_green = 0;
    h_yellow = 0;
    l_red = 0;
    l_green = 0;
    l_yellow = 0;
}
```

//状态 3,东西方向黄灯闪,南北方向红灯亮

```c
void state3(void)
{
    h_red = 1;
    h_green = 0;
    h_yellow = 0;
    l_red = 0;
    l_green = 0;
    l_yellow = 1;
}
```

//状态 4,东西方向红灯亮,南北方向绿灯亮

```c
void state4(void)
{
    h_red = 0;
    h_green = 1;
    h_yellow = 0;
    l_red = 1;
    l_green = 0;
    l_yellow = 0;
}
```

//状态 5,东西方向红灯亮,南北方向绿灯闪

```c
void state5(void)
{
    h_red = 0;
    h_green = 0;
    h_yellow = 0;
    l_red = 1;
    l_green = 0;
    l_yellow = 0;
```

```
}
//状态6,东西方向红灯亮,南北方向黄灯闪
void state6(void)
{
  h_red = 0;
  h_green = 0;
  h_yellow = 1;
  l_red = 1;
  l_green = 0;
  l_yellow = 0;
}
//          中断程序
void int_0() interrupt 1 using 0
{
  count ++ ;
  TH0 = 0x3c;
  TL0 = 0xb0;
  switch(flag)
    {
      case 1:                          //标志位为1,则显示第1种状态
      {
      state1();                        //调用状态1
      if(count = = 20)                 //是否到1 s,未到则退出中断程序
        {
          count = 0;
          if(second>0)                 //20 s是否显示完,未完则显示秒值
            {
              P1 = table[second/10];   //显示十位
              P3 = table[second%10];   //显示个位
              second -- ;              //秒值减1
            }
          else                         //20 s是否显示完,显示完了则全显示0
            {
              P1 = 0x3f;
              P3 = 0x3f;
              second = 3;              //状态1显示完了,秒值再赋初值3 s
              flag = 2;                //标志位置2,下次中断将显示第2种状态
            }
        }
      }break;
```

```
    case 2:                          //标志位为2,则显示第2种状态
    {
    state2();                        //调用状态2
    if(count>=10)                    //是否到500 ms,未到则退出中断程序
    {
      count=0;
      l_green=~l_green;              //到500 ms,则取反南北方向的绿灯,绿灯闪
      i++;
      if(i==2)                       //是否到1 s,未到则退出中断程序
      {
        i=0;
        if(second>0)                 //3 s是否显示完,未完则显示秒值
        {
          P3=table[second%10];       //显示十位
          P1=table[second/10];       //显示个位
          second--;                  //秒值减1
        }
        else
        {
          P1=0x3f;
          P3=0x3f;
          second=2;                  //状态2显示完了,秒值再赋初值2 s
          flag=3;                    //标志位置3,下次中断将显示第3种状态
          i=0;
        }
      }
    }
  }break;
case 3:                              //标志位为3,则显示第3种状态
{
 state3();                           //调用状态3
 if(count>=10)                       //是否到500 ms,未到则退出中断程序
 {
   count=0;
   l_yellow=~l_yellow;               //到500 ms,则取反南北方向的黄灯,黄灯闪
   i++;
   if(i==2)                          //是否到1 s,未到则退出中断程序
   {
   i=0;
   if(second>0)                      //2 s是否显示完,未完则显示秒值
```

```
                      {
          P3 = table[second % 10];        //显示十位
          P1 = table[second/10];          //显示个位
          second -- ;                     //秒值减 1
                      }
              else
                      {
          P1 = 0x3f;
          P3 = 0x3f;
          second = 20;                    //状态 3 显示完了,秒值再赋初值 20 s
          flag = 4;                       //标志位置 4,下次中断将显示第 4 种状态
          i = 0;
                      }
                  }
              }
      }break;
          case 4:                         //标志位为 4,则显示第 4 种状态
          {
          state4();
          if(count == 20)
              {
                  count = 0;
                  if(second>0)
                      {
                  P1 = table[second/10];
                  P3 = table[second % 10];
                  second -- ;
                      }
                  else
                      {
                      P1 = 0x3f;
                      P3 = 0x3f;
                      second = 3;          //状态 4 显示完了,秒值再赋初值 3 s
                      flag = 5;            //标志位置 5,下次中断将显示第 5 种状态
                      }
                  }
          }break;
      case 5:                             //标志位为 5,则显示第 5 种状态
      {
          state5();
```

```
    if(count> = 10)
       {
          count = 0;
          i ++ ;
          h_green = ~h_green;          //到 500 ms,则取反东西方向的绿灯,绿灯闪
          if(i == 2)
             {
                i = 0;
                P1 = table[second/10];
                P3 = table[second % 10];
                second -- ;
             }
          if(second == 0)
             {
                P1 = 0x3f;
                P3 = 0x3f;
                second = 2;          //状态 5 显示完了,秒值再赋初值 2 s
                flag = 6;            //标志位置 6,下次中断将显示第 6 种状态
                   i = 0;
             }
       }
}break;
case 6:                            //标志位为 6,则显示第 6 种状态
{
    state6();
    if(count> = 10)
       {
          count = 0;
          i ++ ;
          h_yellow = ~h_yellow;
          if(i == 2)                //到 500 ms,则取反东西方向的黄灯,黄灯闪
             {
                i = 0;
                if(second>0)
                   {
                      P3 = table[second % 10];
                      P1 = table[second/10];
                      second -- ;
                   }
                else
```

```
        {
            P1 = 0x3f;
            P3 = 0x3f;
            second = 20;    //状态 6 显示完了,秒值再赋初值 20 s
            flag = 1;       //标志位置 1,下次中断将显示第 1 种状态
            i = 0;
        }
    }
}
}break;
default:break;
}
}
```

设计仿真结果如图 4-18 所示。

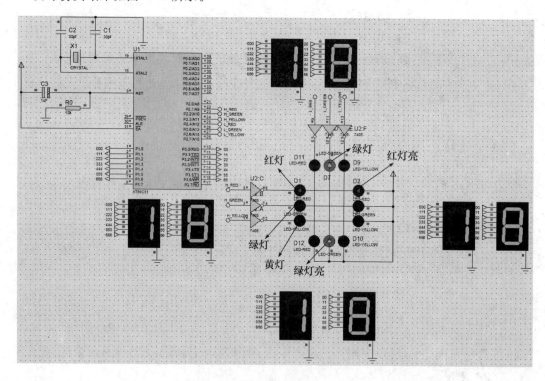

图 4-18 设计仿真结果

综合设计 4　参考程序

万年历电子钟程序如下：

```c
#include < reg52.h >
#include < character.h >
#include < lcd.h >
#include < clock.h >
#include < sensor.h >
#include < calendar.h >
#include < key.h >
#define uchar unsigned char
#define uint unsigned int
sbit bell = P2^0;                         //定义蜂鸣器端口
void Timer0_Service() interrupt 1
{
  static uchar count = 0;
  static uchar flag = 0;                  //记录鸣叫的次数
  count = 0;
  TR0 = 0;                                //关闭 Timer0
  TH0 = 0x3c;
  TL0 = 0XB0;                             //延时 50 ms
  TR0 = 1 ;                               //启动 Timer0
  count ++ ;
  if( count == 20 )                       //鸣叫 1 s
  {
    bell = ~ bell;
    count = 0;
    flag ++ ;
  }
  if( flag == 6 )
  {
    flag = 0;
    TR0 = 0;                              //关闭 Timer0
  }
}
```

```
uchar HexNum_Convert(uchar HexNum)
{
uchar Numtemp;
Numtemp = (HexNum>>4) * 10 + (HexNum&0X0F);
return Numtemp;
}
void main( void )
{
  uchar clock_time[6] = {0X00,0X59,0X23,0X09,0X04,0X11};
                                          //定义时间变量秒分时日月年
    uchar alarm_time[2] = {10, 06};
                             //闹钟设置 alarm_time[0]：分钟 alarm_time[1]：小时
    uchar temperature[2];
                      //定义温度变量 temperature[0] 低 8 位 temperature[1] 高 8 位
    Lcd_Initial();                        //LCD 初始化
    Clock_Fresh( clock_time );            //时间刷新,proteus 会调用当前系统时间
    Clock_Initial( clock_time );          //时钟初始化
    EA = 1;                               //开总中断
    ET0 = 1;                              //Timer0 开中断
    ET2 = 1;                              //Timer2 开中断
    TMOD = 0x01 ;                         //Timer0 工作方式 1
    RCAP2H = 0x3c;
    RCAP2L = 0xb0;                        //Timer2 延时 50 ms
    while( 1 )
    {
      switch( Key_Scan() )
      {
        case up_array:
                  {
                      Key_Idle();
                  }
                  break;
        case down_array:
                  {
                      Key_Idle();
                  }
                  break;
        case clear_array:
```

```
                {
                    Key_Idle();
                }
                break;
    case function_array:{
                        Key_Function( clock_time, alarm_time );
                    }
    case null:
            {
                Clock_Fresh( clock_time );      //时间刷新
                Lcd_Clock( clock_time );        //时间显示
                Sensor_Fresh( temperature );    //温度更新
                Lcd_Temperture( temperature );  //温度显示
                Calendar_Convert( 0 , clock_time );
                Week_Convert( 0, clock_time );
                //整点报时
                if(( * clock_time == 0x59 ) && ( * ( clock_time + 1 ) == 0x59))
                {
                    bell = 0;
                    TR2 = 1;                    //启动 Timer2
                }
                //闹钟报警
            if( * alarm_time == HexNum_Convert( * ( clock_time + 1 ) ))
                                                            //分钟相吻合
    if( * ( alarm_time + 1 ) == HexNum_Convert( * ( clock_time + 2 ) ))
                                                            //小时相吻合
                {
                    bell = 0;
                    TR2 = 1;                    //启动 Timer2
                }
            }
            break;
    }
  }
}
```

设计仿真结果如图 4-19 所示。

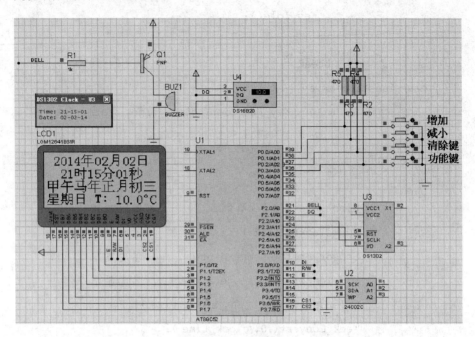

图 4-19　设计仿真结果

综合设计 5　参考程序

数码八音盒程序如下：

```c
#include <REG52.H>
#include "SoundPlay.h"
#include "intrins.h"
#include "absacc.h"
#define uchar unsigned char
#define uint unsigned int
#define busy   0x80
sbit RS = P3^5;
sbit RW = P3^6;
sbit E = P3^7;
uchar a[] = {'0','1','2','3','4','5','6','7','8','9','a','b','c','d','e','f',};
void Delay1ms(unsigned int count)
{
    unsigned int i,j;
    for(i = 0;i<count;i++)
    for(j = 0;j<120;j++);
}
// ****************** Music ******************************
//挥着翅膀的女孩
unsigned char code Music_Girl[] = {
0x17,0x02, 0x17,0x03, 0x18,0x03, 0x19,0x02, 0x15,0x03,
0x16,0x03, 0x17,0x03, 0x17,0x03, 0x17,0x03, 0x18,0x03,
0x19,0x02, 0x16,0x03, 0x17,0x03, 0x18,0x02, 0x18,0x03,
0x17,0x03, 0x15,0x02, 0x18,0x03, 0x17,0x03, 0x18,0x02,
0x10,0x03, 0x15,0x03, 0x16,0x02, 0x15,0x03, 0x16,0x03,
0x17,0x02, 0x17,0x03, 0x18,0x03, 0x19,0x02, 0x1A,0x03,
0x1B,0x03, 0x1F,0x03, 0x1F,0x03, 0x17,0x03, 0x18,0x03,
0x19,0x02, 0x16,0x03, 0x17,0x03, 0x18,0x03, 0x17,0x03,
0x18,0x03, 0x1F,0x03, 0x1F,0x02, 0x16,0x03, 0x17,0x03,
0x18,0x03, 0x17,0x03, 0x18,0x03, 0x20,0x03, 0x20,0x02,
0x1F,0x03, 0x1B,0x03, 0x1F,0x66, 0x20,0x03, 0x21,0x03,
0x20,0x03, 0x1F,0x03, 0x1B,0x03, 0x1F,0x66, 0x1F,0x03,
```

```
0x1B,0x03, 0x19,0x03, 0x19,0x03, 0x15,0x03, 0x1A,0x66,
0x1A,0x03, 0x19,0x03, 0x15,0x03, 0x15,0x03, 0x17,0x03,
0x16,0x66, 0x17,0x04, 0x18,0x04, 0x18,0x03, 0x19,0x03,
0x1F,0x03, 0x1B,0x03, 0x1F,0x66, 0x20,0x03, 0x21,0x03,
0x20,0x03, 0x1F,0x03, 0x1B,0x03, 0x1F,0x66, 0x1F,0x03,
0x1B,0x03, 0x19,0x03, 0x19,0x03, 0x15,0x03, 0x1A,0x66,
0x1A,0x03, 0x19,0x03, 0x19,0x03, 0x1F,0x03, 0x1B,0x03,
0x1F,0x00, 0x1A,0x03, 0x1A,0x03, 0x1A,0x03, 0x1B,0x03,
0x1B,0x03, 0x1A,0x03, 0x19,0x03, 0x19,0x02, 0x17,0x03,
0x15,0x17, 0x15,0x03, 0x16,0x03, 0x17,0x03, 0x18,0x03,
0x17,0x04, 0x18,0x0E, 0x18,0x03, 0x17,0x04, 0x18,0x0E,
0x18,0x66, 0x17,0x03, 0x18,0x03, 0x17,0x03, 0x18,0x03,
0x20,0x03, 0x20,0x02, 0x1F,0x03, 0x1B,0x03, 0x1F,0x66,
0x20,0x03, 0x21,0x03, 0x20,0x03, 0x1F,0x03, 0x1B,0x03,
0x1F,0x66, 0x1F,0x04, 0x1B,0x0E, 0x1B,0x03, 0x19,0x03,
0x19,0x03, 0x15,0x03, 0x1A,0x66, 0x1A,0x03, 0x19,0x03,
0x15,0x03, 0x15,0x03, 0x17,0x03, 0x16,0x66, 0x17,0x04,
0x18,0x04, 0x18,0x03, 0x19,0x03, 0x1F,0x03, 0x1B,0x03,
0x1F,0x66, 0x20,0x03, 0x21,0x03, 0x20,0x03, 0x1F,0x03,
0x1B,0x03, 0x1F,0x66, 0x1F,0x03, 0x1B,0x03, 0x19,0x03,
0x19,0x03, 0x15,0x03, 0x1A,0x66, 0x1A,0x03, 0x19,0x03,
0x19,0x03, 0x1F,0x03, 0x1B,0x03, 0x1F,0x00, 0x18,0x02,
0x18,0x03, 0x1A,0x03, 0x19,0x0D, 0x15,0x03, 0x15,0x02,
0x18,0x66, 0x16,0x02, 0x17,0x02, 0x15,0x00, 0x00,0x00};
//同一首歌
unsigned char code Music_Same[] = {
0x0F,0x01, 0x15,0x02, 0x16,0x02, 0x17,0x66, 0x18,0x03,
0x17,0x02, 0x15,0x02, 0x16,0x01, 0x15,0x02, 0x10,0x02,
0x15,0x00, 0x0F,0x01, 0x15,0x02, 0x16,0x02, 0x17,0x02,
0x17,0x03, 0x18,0x03, 0x19,0x02, 0x15,0x02, 0x18,0x66,
0x17,0x03, 0x19,0x02, 0x16,0x03, 0x17,0x03, 0x16,0x00,
0x17,0x01, 0x19,0x02, 0x1B,0x02, 0x1B,0x70, 0x1A,0x03,
0x1A,0x01, 0x19,0x02, 0x19,0x03, 0x1A,0x03, 0x1B,0x02,
0x1A,0x0D, 0x19,0x03, 0x17,0x00, 0x18,0x66, 0x18,0x03,
0x19,0x02, 0x1A,0x02, 0x19,0x0C, 0x18,0x0D, 0x17,0x03,
0x16,0x01, 0x11,0x02, 0x11,0x03, 0x10,0x03, 0x0F,0x0C,
0x10,0x02, 0x15,0x00, 0x1F,0x01, 0x1A,0x01, 0x18,0x66,
0x19,0x03, 0x1A,0x01, 0x1B,0x02, 0x1B,0x03, 0x1B,0x03,
```

```
0x1B,0x0C, 0x1A,0x0D, 0x19,0x03, 0x17,0x00, 0x1F,0x01,
0x1A,0x01, 0x18,0x66, 0x19,0x03, 0x1A,0x01, 0x10,0x02,
0x10,0x03, 0x10,0x03, 0x1A,0x0C, 0x18,0x0D, 0x17,0x03,
0x16,0x00, 0x0F,0x01, 0x15,0x02, 0x16,0x02, 0x17,0x70,
0x18,0x03, 0x17,0x02, 0x15,0x03, 0x15,0x03, 0x16,0x66,
0x16,0x03, 0x16,0x02, 0x16,0x03, 0x15,0x03, 0x10,0x02,
0x10,0x01, 0x11,0x01, 0x11,0x66, 0x10,0x03, 0x0F,0x0C,
0x1A,0x02, 0x19,0x02, 0x16,0x03, 0x16,0x03, 0x18,0x66,
0x18,0x03, 0x18,0x02, 0x17,0x03, 0x16,0x03, 0x19,0x00,
0x00,0x00 };
//两只蝴蝶
unsigned char code Music_Two[] = {
0x17,0x03, 0x16,0x03, 0x17,0x01, 0x16,0x03, 0x17,0x03,
0x16,0x03, 0x15,0x01, 0x10,0x03, 0x15,0x03, 0x16,0x02,
0x16,0x0D, 0x17,0x03, 0x16,0x03, 0x15,0x03, 0x10,0x03,
0x10,0x0E, 0x15,0x04, 0x0F,0x01, 0x17,0x03, 0x16,0x03,
0x17,0x01, 0x16,0x03, 0x17,0x03, 0x16,0x03, 0x15,0x01,
0x10,0x03, 0x15,0x03, 0x16,0x02, 0x16,0x0D, 0x17,0x03,
0x16,0x03, 0x15,0x03, 0x10,0x03, 0x15,0x03, 0x16,0x01,
0x17,0x03, 0x16,0x03, 0x17,0x01, 0x16,0x03, 0x17,0x03,
0x16,0x03, 0x15,0x01, 0x10,0x03, 0x15,0x03, 0x16,0x02,
0x16,0x0D, 0x17,0x03, 0x16,0x03, 0x15,0x03, 0x10,0x03,
0x10,0x0E, 0x15,0x04, 0x0F,0x01, 0x17,0x03, 0x19,0x03,
0x19,0x01, 0x19,0x03, 0x1A,0x03, 0x19,0x03, 0x17,0x01,
0x16,0x03, 0x16,0x03, 0x16,0x02, 0x16,0x0D, 0x17,0x03,
0x16,0x03, 0x15,0x03, 0x10,0x03, 0x10,0x0D, 0x15,0x00,
0x19,0x03, 0x19,0x03, 0x1A,0x03, 0x1F,0x03, 0x1B,0x03,
0x1B,0x03, 0x1A,0x03, 0x17,0x0D, 0x16,0x03, 0x16,0x03,
0x16,0x0D, 0x17,0x01, 0x17,0x03, 0x17,0x03, 0x19,0x03,
0x1A,0x02, 0x1A,0x02, 0x10,0x03, 0x17,0x0D, 0x16,0x03,
0x16,0x01, 0x17,0x03, 0x19,0x03, 0x19,0x03, 0x17,0x03,
0x19,0x02, 0x1F,0x02, 0x1B,0x03, 0x1A,0x03, 0x1A,0x0E,
0x1B,0x04, 0x17,0x02, 0x1A,0x03, 0x1A,0x03, 0x1A,0x0E,
0x1B,0x04, 0x1A,0x03, 0x19,0x03, 0x17,0x03, 0x16,0x03,
0x17,0x0D, 0x16,0x03, 0x17,0x03, 0x19,0x01, 0x19,0x03,
0x19,0x03, 0x1A,0x03, 0x1F,0x03, 0x1B,0x03, 0x1B,0x03,
0x1A,0x03, 0x17,0x0D, 0x16,0x03, 0x16,0x03, 0x16,0x03,
0x17,0x01, 0x17,0x03, 0x17,0x03, 0x19,0x03, 0x1A,0x02,
```

```
0x1A,0x02, 0x10,0x03, 0x17,0x0D, 0x16,0x03, 0x16,0x01,
0x17,0x03, 0x19,0x03, 0x19,0x03, 0x17,0x03, 0x19,0x03,
0x1F,0x02, 0x1B,0x03, 0x1A,0x03, 0x1A,0x0E, 0x1B,0x04,
0x17,0x02, 0x1A,0x03, 0x1A,0x03, 0x1A,0x0E, 0x1B,0x04,
0x17,0x16, 0x1A,0x03, 0x1A,0x03, 0x1A,0x0E, 0x1B,0x04,
0x1A,0x03, 0x19,0x03, 0x17,0x03, 0x16,0x03, 0x0F,0x02,
0x10,0x03, 0x15,0x00, 0x00,0x00 };
//北京欢迎你
unsigned char code Music_Bei[] = {
0x17,0x03, 0x19,0x03, 0x17,0x03, 0x16,0x03, 0x17,0x03,
0x16,0x03, 0x17,0x02, 0x17,0x67, 0x16,0x03, 0x10,0x03,
0x15,0x03, 0x17,0x03, 0x16,0x66, 0x16,0x03, 0x15,0x03,
0x10,0x03, 0x15,0x03, 0x16,0x03, 0x17,0x03, 0x19,0x03,
0x16,0x03, 0x17,0x03, 0x1A,0x03, 0x19,0x03, 0x0F,0x03,
0x16,0x03, 0x15,0x66, 0x16,0x03, 0x15,0x03, 0x10,0x03,
0x15,0x03, 0x16,0x03, 0x17,0x03, 0x19,0x03, 0x16,0x03,
0x17,0x03, 0x1A,0x03, 0x19,0x03, 0x19,0x03, 0x17,0x01,
0x16,0x03, 0x17,0x03, 0x16,0x03, 0x15,0x03, 0x19,0x67,
0x1A,0x04, 0x17,0x02, 0x10,0x03, 0x17,0x03, 0x16,0x03,
0x16,0x03, 0x15,0x66, 0x17,0x03, 0x19,0x03, 0x1F,0x03,
0x19,0x03, 0x1A,0x66, 0x19,0x03, 0x1A,0x03, 0x19,0x03,
0x17,0x03, 0x17,0x03, 0x19,0x03, 0x19,0x66, 0x17,0x03,
0x19,0x03, 0x1A,0x03, 0x1F,0x03, 0x20,0x03, 0x1F,0x03,
0x19,0x03, 0x17,0x03, 0x16,0x03, 0x19,0x02, 0x17,0x03,
0x17,0x01, 0x17,0x03, 0x19,0x03, 0x1F,0x03, 0x19,0x03,
0x1A,0x66, 0x1F,0x03, 0x20,0x67, 0x1F,0x04, 0x19,0x03,
0x17,0x03, 0x19,0x03, 0x1F,0x03, 0x1A,0x66, 0x17,0x03,
0x16,0x03, 0x17,0x03, 0x1A,0x03, 0x21,0x03, 0x20,0x66,
0x20,0x03, 0x1F,0x01, 0x1F,0x66, 0x17,0x03, 0x19,0x03,
0x15,0x03, 0x19,0x03, 0x1A,0x66, 0x1F,0x03, 0x20,0x66,
0x1F,0x04, 0x19,0x03, 0x17,0x03, 0x19,0x03, 0x1F,0x03,
0x1A,0x66, 0x17,0x03, 0x16,0x03, 0x17,0x03, 0x1A,0x03,
0x21,0x03, 0x20,0x0B, 0x20,0x0B, 0x20,0x0B, 0x20,0x0B,
0x20,0x02, 0x1F,0x03, 0x1F,0x0B, 0x1F,0x0B, 0x1F,0x0B,
0x1F,0x0B, 0x1F,0x0B, 0x00,0x00 };
//如果爱能早些说出来
unsigned char code Music_Ru[] = {
0x0D,0x02, 0x11,0x03, 0x15,0x0D, 0x15,0x01, 0x16,0x03,
```

```
0x15,0x03, 0x11,0x03, 0x11,0x0D, 0x15,0x01, 0x16,0x03,
0x15,0x03, 0x11,0x03, 0x15,0x0D, 0x15,0x03, 0x10,0x02,
0x11,0x0D, 0x11,0x02, 0x15,0x03, 0x11,0x0D, 0x11,0x16,
0x16,0x03, 0x15,0x03, 0x11,0x03, 0x15,0x0D, 0x15,0x03,
0x10,0x02, 0x10,0x03, 0x10,0x03, 0x15,0x66, 0x11,0x03,
0x11,0x02, 0x11,0x03, 0x10,0x03, 0x0F,0x02, 0x11,0x0D,
0x10,0x14, 0x0D,0x03, 0x11,0x02, 0x15,0x0D, 0x15,0x16,
0x15,0x03, 0x16,0x03, 0x15,0x03, 0x11,0x03, 0x11,0x0D,
0x15,0x01, 0x16,0x03, 0x15,0x03, 0x11,0x03, 0x15,0x0D,
0x15,0x03, 0x10,0x02, 0x11,0x0D, 0x11,0x02, 0x15,0x03,
0x11,0x0D, 0x11,0x16, 0x0D,0x03, 0x16,0x67, 0x15,0x0E,
0x15,0x03, 0x11,0x03, 0x15,0x03, 0x10,0x17, 0x10,0x03,
0x10,0x03, 0x15,0x66, 0x11,0x67, 0x11,0x0E, 0x11,0x03,
0x10,0x0D, 0x10,0x03, 0x0F,0x02, 0x11,0x0D, 0x10,0x14,
0x0F,0x02, 0x17,0x01, 0x17,0x03, 0x18,0x03, 0x19,0x03,
0x19,0x0D, 0x19,0x03, 0x1A,0x02, 0x19,0x0D, 0x16,0x03,
0x16,0x0C, 0x11,0x03, 0x11,0x02, 0x11,0x03, 0x11,0x03,
0x17,0x03, 0x16,0x03, 0x15,0x03, 0x15,0x0D, 0x15,0x7B,
0x0F,0x03, 0x15,0x0D, 0x15,0x01, 0x10,0x03, 0x11,0x03,
0x15,0x03, 0x0F,0x03, 0x0F,0x03, 0x17,0x0D, 0x16,0x03,
0x16,0x0D, 0x15,0x03, 0x15,0x66, 0x15,0x03, 0x15,0x03,
0x15,0x03, 0x15,0x03, 0x17,0x03, 0x15,0x03, 0x16,0x03,
0x16,0x0D, 0x16,0x03, 0x17,0x7A, 0x0F,0x02, 0x17,0x01,
0x17,0x03, 0x18,0x03, 0x19,0x03, 0x19,0x0D, 0x19,0x03,
0x1A,0x02, 0x19,0x0D, 0x16,0x03, 0x16,0x66, 0x11,0x02,
0x11,0x03, 0x11,0x03, 0x17,0x03, 0x16,0x03, 0x15,0x03,
0x15,0x0D, 0x10,0x15, 0x0F,0x03, 0x15,0x0D, 0x15,0x01,
0x10,0x03, 0x11,0x03, 0x15,0x03, 0x0F,0x0D, 0x0F,0x03,
0x17,0x03, 0x17,0x03, 0x16,0x03, 0x16,0x03, 0x15,0x17,
0x10,0x03, 0x15,0x03, 0x15,0x02, 0x15,0x03, 0x17,0x03,
0x15,0x0D, 0x16,0x03, 0x16,0x0D, 0x16,0x16, 0x0F,0x03,
0x17,0x67, 0x16,0x0E, 0x16,0x03, 0x15,0x03, 0x16,0x03,
0x17,0x04, 0x16,0x0E, 0x16,0x03, 0x15,0x0D, 0x15,0x01,
0x00,0x00};
//最炫民族风
uchar code Music_Zui[] = {
0x15,0x04, 0x16,0x04, 0x17,0x04, 0x19,0x04, 0x1A,0x01,
0x1A,0x00, 0x17,0x02, 0x10,0x03, 0x10,0x03, 0x15,0x02,
```

```
0x17,0x02, 0x16,0x03, 0x16,0x04, 0x17,0x04, 0x16,0x03,
0x15,0x03, 0x16,0x03, 0x15,0x03, 0x10,0x02, 0x17,0x02,
0x10,0x03, 0x10,0x03, 0x15,0x02, 0x17,0x02, 0x19,0x03,
0x16,0x04, 0x17,0x04, 0x16,0x03, 0x15,0x03, 0x16,0x03,
0x15,0x03, 0x11,0x03, 0x0F,0x03, 0x17,0x02, 0x10,0x03,
0x10,0x03, 0x15,0x02, 0x17,0x02, 0x16,0x03, 0x16,0x04,
0x17,0x04, 0x16,0x03, 0x15,0x03, 0x16,0x03, 0x15,0x03,
0x10,0x03, 0x0F,0x03, 0x17,0x02, 0x10,0x03, 0x10,0x03,
0x15,0x02, 0x17,0x02, 0x19,0x03, 0x17,0x03, 0x19,0x00,
0x10,0x02, 0x10,0x03, 0x0F,0x03, 0x10,0x02, 0x10,0x03,
0x10,0x03, 0x15,0x02, 0x16,0x0D, 0x15,0x03, 0x10,0x01,
0x15,0x02, 0x15,0x03, 0x0F,0x03, 0x15,0x03, 0x16,0x03,
0x17,0x03, 0x19,0x03, 0x19,0x0D, 0x17,0x03, 0x16,0x02,
0x17,0x01, 0x1A,0x67, 0x1A,0x04, 0x1A,0x03, 0x19,0x03,
0x17,0x03, 0x17,0x02, 0x15,0x03, 0x10,0x03, 0x10,0x03,
0x10,0x03, 0x17,0x03, 0x16,0x01, 0x17,0x03, 0x17,0x03,
0x19,0x03, 0x17,0x03, 0x16,0x03, 0x17,0x03, 0x16,0x03,
0x15,0x03, 0x10,0x02, 0x0F,0x02, 0x10,0x01, 0x17,0x67,
0x17,0x04, 0x19,0x03, 0x17,0x03, 0x17,0x67, 0x19,0x04,
0x19,0x03, 0x1A,0x03, 0x1A,0x02, 0x19,0x02, 0x1A,0x01,
0x10,0x02, 0x10,0x03, 0x0F,0x03, 0x10,0x02, 0x15,0x02,
0x16,0x03, 0x17,0x03, 0x15,0x03, 0x16,0x03, 0x17,0x01,
0x17,0x03, 0x1A,0x03, 0x1A,0x03, 0x19,0x03, 0x17,0x03,
0x16,0x03, 0x15,0x03, 0x16,0x03, 0x17,0x00, 0x15,0x02,
0x10,0x03, 0x10,0x03, 0x16,0x02, 0x10,0x67, 0x10,0x04,
0x17,0x03, 0x19,0x03, 0x17,0x03, 0x16,0x03, 0x15,0x67,
0x10,0x03, 0x10,0x03, 0x15,0x03, 0x16,0x03, 0x17,0x03,
0x16,0x03, 0x15,0x03, 0x10,0x03, 0x0F,0x03, 0x10,0x00,
0x10,0x03, 0x15,0x03, 0x16,0x03, 0x17,0x03, 0x19,0x03,
0x17,0x03, 0x19,0x03, 0x1A,0x03, 0x1A,0x00, 0x1A,0x67,
0x1A,0x04, 0x1A,0x03, 0x1A,0x03, 0x1A,0x67, 0x19,0x04,
0x17,0x02, 0x16,0x67, 0x17,0x04, 0x19,0x03, 0x17,0x03,
0x17,0x03, 0x16,0x03, 0x15,0x03, 0x10,0x03, 0x10,0x02,
0x10,0x03, 0x0F,0x03, 0x10,0x02, 0x10,0x03, 0x15,0x03,
0x16,0x03, 0x17,0x03, 0x15,0x03, 0x16,0x03, 0x17,0x01,
0x1A,0x03, 0x19,0x03, 0x17,0x03, 0x16,0x03, 0x19,0x03,
0x17,0x03, 0x16,0x03, 0x15,0x03, 0x15,0x00, 0x00,0x00 };
//月亮惹的祸
```

```c
unsigned char code Music_Yue[] = {
0x1A,0x04, 0x19,0x04, 0x17,0x04, 0x16,0x04, 0x17,0x02,
0x17,0x04, 0x16,0x04, 0x15,0x04, 0x10,0x04, 0x15,0x02,
0x15,0x04, 0x0F,0x04, 0x15,0x04, 0x17,0x04, 0x16,0x04,
0x16,0x04, 0x16,0x04, 0x16,0x04, 0x16,0x0E, 0x15,0x04,
0x15,0x03, 0x16,0x03, 0x15,0x04, 0x10,0x04, 0x1A,0x04,
0x19,0x04, 0x17,0x04, 0x16,0x04, 0x17,0x02, 0x17,0x04,
0x16,0x04, 0x15,0x04, 0x10,0x04, 0x15,0x02, 0x15,0x04,
0x0F,0x04, 0x15,0x04, 0x16,0x0E, 0x17,0x04, 0x16,0x71,
0x16,0x16, 0x16,0x04, 0x16,0x04, 0x16,0x04, 0x16,0x04,
0x19,0x03, 0x16,0x04, 0x16,0x70, 0x16,0x04, 0x15,0x02,
0x16,0x02, 0x17,0x14, 0x17,0x04, 0x19,0x04, 0x17,0x04,
0x1A,0x03, 0x1A,0x03, 0x1A,0x0E, 0x19,0x04, 0x19,0x0E,
0x17,0x04, 0x17,0x0E, 0x16,0x04, 0x16,0x04, 0x17,0x18,
0x17,0x04, 0x17,0x04, 0x15,0x04, 0x16,0x03, 0x16,0x03,
0x16,0x03, 0x16,0x04, 0x17,0x04, 0x16,0x03, 0x15,0x04,
0x10,0x18, 0x17,0x04, 0x19,0x04, 0x17,0x04, 0x1A,0x03,
0x1A,0x03, 0x1A,0x0E, 0x19,0x04, 0x19,0x0E, 0x17,0x04,
0x17,0x03, 0x17,0x03, 0x16,0x0E, 0x15,0x04, 0x15,0x03,
0x16,0x03, 0x16,0x03, 0x16,0x04, 0x19,0x0D, 0x17,0x04,
0x17,0x16, 0x17,0x04, 0x19,0x04, 0x17,0x04, 0x1A,0x03,
0x1A,0x03, 0x1A,0x0E, 0x19,0x04, 0x19,0x0E, 0x17,0x04,
0x17,0x0E, 0x16,0x04, 0x16,0x04, 0x17,0x18, 0x17,0x04,
0x17,0x04, 0x15,0x04, 0x16,0x03, 0x16,0x03, 0x16,0x03,
0x16,0x04, 0x17,0x04, 0x16,0x0E, 0x15,0x04, 0x15,0x04,
0x10,0x18, 0x10,0x04, 0x10,0x04, 0x11,0x04, 0x15,0x03,
0x15,0x03, 0x15,0x03, 0x16,0x0E, 0x17,0x04, 0x16,0x03,
0x16,0x03, 0x16,0x0E, 0x15,0x04, 0x15,0x0E, 0x10,0x04,
0x10,0x00, 0x00,0x00 };
//星月神话
unsigned char code Music_Xing[] = {
0x17,0x02, 0x16,0x03, 0x15,0x03, 0x16,0x02, 0x15,0x03,
0x11,0x03, 0x15,0x02, 0x11,0x03, 0x10,0x03, 0x0F,0x01,
0x10,0x02, 0x15,0x0D, 0x11,0x03, 0x11,0x02, 0x0F,0x0D,
0x0D,0x03, 0x0D,0x16, 0x15,0x03, 0x16,0x03, 0x17,0x02,
0x16,0x03, 0x15,0x03, 0x16,0x02, 0x15,0x03, 0x11,0x03,
0x15,0x02, 0x11,0x03, 0x10,0x03, 0x0F,0x01, 0x10,0x02,
0x17,0x0D, 0x11,0x03, 0x11,0x02, 0x15,0x0D, 0x16,0x03,
```

```
0x15,0x00, 0x10,0x70, 0x15,0x03, 0x11,0x02, 0x15,0x03,
0x16,0x03, 0x17,0x66, 0x19,0x03, 0x17,0x01, 0x10,0x70,
0x15,0x03, 0x11,0x02, 0x15,0x03, 0x16,0x03, 0x15,0x15,
0x15,0x03, 0x16,0x03, 0x17,0x02, 0x16,0x03, 0x15,0x03,
0x16,0x02, 0x15,0x03, 0x11,0x03, 0x15,0x02, 0x11,0x03,
0x10,0x03, 0x0F,0x01, 0x10,0x02, 0x15,0x0D, 0x11,0x03,
0x11,0x02, 0x15,0x03, 0x16,0x03, 0x17,0x70, 0x16,0x03,
0x16,0x02, 0x15,0x03, 0x16,0x03, 0x17,0x02, 0x16,0x03,
0x15,0x03, 0x16,0x02, 0x15,0x03, 0x11,0x03, 0x15,0x02,
0x11,0x03, 0x10,0x03, 0x0F,0x02, 0x15,0x03, 0x0F,0x03,
0x10,0x02, 0x17,0x0D, 0x15,0x03, 0x11,0x02, 0x15,0x0D,
0x16,0x03, 0x15,0x00, 0x17,0x03, 0x19,0x03, 0x1A,0x66,
0x1A,0x03, 0x19,0x02, 0x16,0x03, 0x19,0x03, 0x17,0x0D,
0x15,0x03, 0x15,0x0D, 0x10,0x03, 0x10,0x02, 0x10,0x03,
0x11,0x03, 0x15,0x02, 0x17,0x0D, 0x16,0x03, 0x16,0x02,
0x19,0x0D, 0x17,0x03, 0x17,0x00, 0x17,0x03, 0x19,0x03,
0x1A,0x66, 0x1A,0x03, 0x19,0x0D, 0x16,0x03, 0x16,0x03,
0x19,0x03, 0x17,0x0D, 0x15,0x03, 0x15,0x0D, 0x10,0x03,
0x10,0x02, 0x17,0x03, 0x16,0x03, 0x15,0x02, 0x17,0x0D,
0x16,0x03, 0x16,0x02, 0x17,0x0D, 0x11,0x03, 0x10,0x14,
0x00,0x00 };
```

//我不后悔

```
unsigned char code Music_Wo[] = {
0x15,0x04, 0x1B,0x04, 0x10,0x03, 0x10,0x04, 0x0F,0x04,
0x10,0x67, 0x10,0x04, 0x10,0x03, 0x11,0x04, 0x15,0x0E,
0x15,0x04, 0x15,0x04, 0x15,0x04, 0x16,0x04, 0x17,0x67,
0x16,0x03, 0x17,0x03, 0x19,0x03, 0x17,0x66, 0x17,0x03,
0x19,0x03, 0x16,0x03, 0x16,0x04, 0x15,0x04, 0x16,0x03,
0x16,0x04, 0x17,0x04, 0x16,0x03, 0x15,0x03, 0x10,0x03,
0x1A,0x04, 0x11,0x04, 0x15,0x67, 0x15,0x04, 0x11,0x67,
0x10,0x04, 0x0F,0x66, 0x15,0x04, 0x11,0x04, 0x15,0x66,
0x11,0x04, 0x10,0x03, 0x0F,0x03, 0x10,0x66, 0x15,0x04,
0x16,0x04, 0x17,0x67, 0x16,0x04, 0x17,0x03, 0x1A,0x0E,
0x19,0x04, 0x19,0x66, 0x17,0x04, 0x19,0x04, 0x1A,0x03,
0x1A,0x04, 0x19,0x04, 0x1A,0x03, 0x19,0x03, 0x17,0x66,
0x17,0x04, 0x19,0x04, 0x1A,0x03, 0x1A,0x04, 0x19,0x04,
0x1A,0x03, 0x19,0x03, 0x17,0x03, 0x17,0x04, 0x16,0x04,
0x17,0x03, 0x17,0x04, 0x19,0x04, 0x1A,0x03, 0x1A,0x04,
```

```
0x19,0x04, 0x1A,0x03, 0x1F,0x03, 0x1B,0x16, 0x17,0x04,
0x1F,0x04, 0x1B,0x04, 0x1A,0x03, 0x19,0x03, 0x17,0x03,
0x16,0x04, 0x17,0x0E, 0x17,0x16, 0x17,0x04, 0x1F,0x04,
0x1B,0x04, 0x1A,0x03, 0x19,0x03, 0x17,0x03, 0x16,0x04,
0x17,0x0E, 0x17,0x66, 0x17,0x04, 0x19,0x04, 0x16,0x03,
0x17,0x04, 0x16,0x0E, 0x16,0x03, 0x15,0x04, 0x16,0x04,
0x17,0x04, 0x19,0x03, 0x17,0x0E, 0x17,0x03, 0x17,0x04,
0x19,0x04, 0x1A,0x03, 0x1A,0x04, 0x19,0x04, 0x1A,0x03,
0x1F,0x03, 0x1B,0x16, 0x17,0x04, 0x1F,0x04, 0x1B,0x04,
0x1A,0x03, 0x1A,0x04, 0x19,0x04, 0x1A,0x03, 0x1F,0x03,
0x1B,0x02, 0x1F,0x02, 0x1B,0x0D, 0x1A,0x03, 0x1A,0x00,
0x00,0x00 };
//听着情歌流眼泪
unsigned char code Music_Ting[] = {
0x17,0x04, 0x16,0x04, 0x15,0x04, 0x17,0x03, 0x16,0x03,
0x16,0x03, 0x0F,0x03, 0x10,0x16, 0x10,0x04, 0x15,0x04,
0x10,0x04, 0x16,0x03, 0x15,0x03, 0x16,0x03, 0x0F,0x03,
0x17,0x16, 0x17,0x04, 0x16,0x04, 0x15,0x04, 0x16,0x67,
0x17,0x04, 0x16,0x04, 0x17,0x04, 0x16,0x04, 0x15,0x04,
0x17,0x04, 0x15,0x04, 0x17,0x04, 0x10,0x0E, 0x10,0x03,
0x10,0x04, 0x11,0x04, 0x15,0x04, 0x15,0x03, 0x10,0x04,
0x15,0x03, 0x17,0x0E, 0x16,0x04, 0x16,0x16, 0x10,0x04,
0x11,0x04, 0x15,0x04, 0x17,0x03, 0x16,0x03, 0x16,0x03,
0x15,0x03, 0x16,0x0E, 0x15,0x04, 0x10,0x17, 0x17,0x04,
0x16,0x04, 0x15,0x04, 0x16,0x67, 0x0F,0x04, 0x16,0x03,
0x0F,0x03, 0x17,0x16, 0x17,0x04, 0x16,0x04, 0x15,0x04,
0x16,0x03, 0x16,0x03, 0x16,0x03, 0x16,0x04, 0x16,0x04,
0x17,0x04, 0x16,0x04, 0x17,0x04, 0x10,0x04, 0x10,0x03,
0x10,0x04, 0x11,0x04, 0x15,0x04, 0x15,0x04, 0x16,0x04,
0x15,0x0E, 0x15,0x16, 0x10,0x03, 0x11,0x03, 0x0F,0x03,
0x10,0x15, 0x17,0x04, 0x17,0x04, 0x17,0x04, 0x1F,0x03,
0x1A,0x03, 0x1F,0x03, 0x1A,0x03, 0x1F,0x03, 0x1A,0x04,
0x1F,0x0E, 0x1F,0x04, 0x1F,0x04, 0x1F,0x04, 0x1F,0x04,
0x1F,0x03, 0x1A,0x03, 0x19,0x03, 0x17,0x04, 0x1A,0x0E,
0x1A,0x66, 0x17,0x04, 0x16,0x04, 0x15,0x03, 0x16,0x04,
0x16,0x04, 0x16,0x03, 0x15,0x04, 0x10,0x04, 0x17,0x03,
0x1A,0x04, 0x1A,0x0E, 0x1A,0x03, 0x1A,0x04, 0x1A,0x04,
0x1F,0x03, 0x1F,0x04, 0x1F,0x04, 0x1F,0x03, 0x17,0x03,
```

```
0x1B,0x16, 0x17,0x04, 0x17,0x04, 0x17,0x04, 0x1B,0x03,
0x17,0x03, 0x1F,0x03, 0x1A,0x03, 0x1F,0x03, 0x1A,0x04,
0x1F,0x0E, 0x1F,0x04, 0x1F,0x04, 0x1F,0x04, 0x1F,0x04,
0x20,0x03, 0x1F,0x04, 0x1F,0x04, 0x1B,0x03, 0x19,0x04,
0x17,0x0E, 0x17,0x66, 0x17,0x04, 0x17,0x04, 0x18,0x04,
0x18,0x03, 0x18,0x04, 0x18,0x04, 0x18,0x04, 0x17,0x04,
0x16,0x04, 0x17,0x03, 0x1A,0x04, 0x1A,0x0E, 0x1A,0x03,
0x1A,0x04, 0x1A,0x04, 0x1F,0x67, 0x1F,0x04, 0x1F,0x03,
0x1A,0x03, 0x20,0x02, 0x19,0x03, 0x17,0x03, 0x1A,0x0E,
0x1B,0x04, 0x1A,0x66, 0x00,0x00 };
// ***********************************************************
void delay(uint i)                          //延时程序
{uint j;
for(j = 0;j<i;j ++ );
}
void delay_LCM(uchar k)                      //延时函数
{
    uint i,j;
    for(i = 0;i<k;i ++ )
    {
        for(j = 0;j<60;j ++ )
            {;}
    }
}
void test_1602busy()                         //测忙函数
{
    P1 = 0xff;
    E = 1;
    RS = 0;
    RW = 1;
    _nop_();
    _nop_();
    while(P1&busy)                           //检测 LCD busy 是否为 1
    {   E = 0;
        _nop_();
        E = 1;
        _nop_();
    }
```

```
    E = 0;
}
void write_1602Command(uchar co)              //写命令函数
{
    test_1602busy();                          //检测 LCD 是否忙
    RS = 0;
    RW = 0;
    E = 0;
    _nop_();
    P1 = co;
    _nop_();
    E = 1;                                    //LCD 的使能端 高电平有效
    _nop_();
    E = 0;
}
void write_1602Data(uchar Data)               //写数据函数
{
    test_1602busy();
    P1 = Data;
    RS = 1;
    RW = 0;
    E = 1;
    _nop_();
    E = 0;
}
void init_1602(void)                          //初始化函数
{
    write_1602Command(0x38);        //LCD 功能设定,DL = 1(8 位),N = 1(2 行显示)
    delay_LCM(5);
    write_1602Command(0x01);                  //清除 LCD 的屏幕
    delay_LCM(5);
    write_1602Command(0x06);             //LCD 模式设定,I/D = 1(计数地址加 1)
    delay_LCM(5);
    write_1602Command(0x0F);                  //显示屏幕
    delay_LCM(5);
}
void DisplayOneChar(uchar X,uchar Y,uchar DData)
{
```

```
    Y& = 1;
    X& = 15;
    if(Y)X| = 0x40;                             //若 y 为 1(显示第 2 行),地址码 + 0X40
    X| = 0x80;                                  //指令码为地址码 + 0X80
    write_1602Command(X);
    write_1602Data(DData);
}
void display_1602(uchar  * DData,X,Y)           //显 示 函 数
{
    uchar ListLength = 0;
    Y& = 0x01;
    X& = 0x0f;
    while(X<16)
     {
       DisplayOneChar(X,Y,DData[ListLength]);
       ListLength ++ ;
       X ++ ;
     }
}
uchar checkkey()                                //检测有没有键按下
{uchar i ;
 uchar j ;
 j = 0x0f;
 P2 = j;
 i = P2;
 i = i&0x0f;
 if (i == 0x0f) return (0);
  else return (0xff);
}
uchar keyscan()                                 //键盘扫描程序
{
    uchar scancode;
    uchar codevalue;
    uchar a;
    uchar m = 0;
    uchar k;
    uchar i,j;
    if (checkkey() == 0) return (0xff);
```

```
    else
    {delay(100);
    if (checkkey() == 0) return (0xff);
    else
        {
        scancode = 0xf7;m = 0x00;              //键盘行扫描初值,m 为列数
        for (i = 1;i <= 4;i ++)
            {
            k = 0x10;
            P2 = scancode;
            a = P2;
            for (j = 0;j < 4;j ++)              //j 为行数
                {
                if ((a&k) == 0)
                    {
                    codevalue = m + j;
                    while (checkkey()!= 0);
                    return (codevalue);
                    }
                else k = k << 1;
                }
            m = m + 4;
            scancode = ~scancode;              //为 scancode 右移时,移入的数为 1
            scancode = scancode >> 1;
            scancode = ~scancode;
            }
        }
    }
}
void main()
{
    uint  x,led = 0;
    uchar * s, * b, * c, * d, * e, * f, * g, * h, * k, * l, * m;
    uchar z;
    uchar i = 0,j = 0;                         //i 为 LCD 的行,j 为 LCD 的列
    InitialSound();
    delay_LCM(15);
    init_1602();                               //1602 初始化
```

```
        write_1602Command(0x01);              //清除 LCD 的屏幕
      s = "song：           ";
  delay_LCM(200);
  delay_LCM(200);
  delay_LCM(200);
    while(1)
    {
        if (checkkey() == 0x00) continue;
          else
            {
                x = keyscan();               //调用键盘扫描程序
                switch(x)                    //监测按键
                  {
                  case 1：
                  write_1602Command(0x01);   //清除 LCD 的屏幕
                  display_1602(s,0,0);
                  b = "Trouble of moon ";
                  DisplayOneChar(6,0,a[1]);
                  display_1602(b,0,1);
                  Play(Music_Yue,0,3,360);   //月亮惹的祸
                  Delay1ms(500);break;
                  case 2：
                  write_1602Command(0x01);   //清除 LCD 的屏幕
                  display_1602(s,0,0);
                  c = "If love say early";
                  DisplayOneChar(6,0,a[2]);
                  display_1602(c,0,1);
                  Play(Music_Ru,0,3,360);    //如果爱能早些说出来
                  Delay1ms(500);break;
                  case 3：
                  write_1602Command(0x01);   //清除 LCD 的屏幕
                  display_1602(s,0,0);
                  d = "I do not regret ";
                  DisplayOneChar(6,0,a[3]);
                  display_1602(d,0,1);
                  Play(Music_Wo,0,3,360);    //我不后悔
                  Delay1ms(500);break;
                  case 4：
                  write_1602Command(0x01);   //清除 LCD 的屏幕
                  display_1602(s,0,0);
```

```
    e = "Listen music cry";
    DisplayOneChar(6,0,a[4]);
    display_1602(e,0,1);
    Play(Music_Ting,0,3,360);            //听着情歌流眼泪
    Delay1ms(500);break;
    case 5:
    write_1602Command(0x01);             //清除 LCD 的屏幕
    display_1602(s,0,0);
    f = "Star moon mythos";
    DisplayOneChar(6,0,a[5]);
    display_1602(f,0,1);
    Play(Music_Xing,0,3,360);            //星月神话
    Delay1ms(500);break;
    case 6:
    write_1602Command(0x01);             //清除 LCD 的屏幕
    display_1602(s,0,0);
    g = "Most nation wind";
    DisplayOneChar(6,0,a[6]);
    display_1602(g,0,1);
    Play(Music_Zui,0,3,360);             //最炫民族风
    Delay1ms(500);break;
    case 7:
    write_1602Command(0x01);             //清除 LCD 的屏幕
    display_1602(s,0,0);
    h = "Girl waves wings";
    DisplayOneChar(6,0,a[7]);
    display_1602(h,0,1);
    Play(Music_Girl,0,3,360);            //挥着翅膀的女孩
    Delay1ms(500);break;
    case 8:
    write_1602Command(0x01);             //清除 LCD 的屏幕
    display_1602(s,0,0);
    k = "The same song ";
    DisplayOneChar(6,0,a[8]);
    display_1602(k,0,1);
    Play(Music_Same,0,3,360);            //同一首歌
    Delay1ms(500);break;
    case 9:
    write_1602Command(0x01);             //清除 LCD 的屏幕
    display_1602(s,0,0);
```

```
            l = "Two butterflies ";
            DisplayOneChar(6,0,a[9]);
            display_1602(l,0,1);
            Play(Music_Two,0,3,360);              //两只蝴蝶
            Delay1ms(500);break;
            case 10:
            write_1602Command(0x01);              //清除 LCD 的屏幕
            display_1602(s,0,0);
            m = "Welcome Beijing!";
            DisplayOneChar(6,0,a[1]);
            DisplayOneChar(7,0,a[0]);
            display_1602(m,0,1);
            Play(Music_Bei,0,3,360);              //北京欢迎你
            Delay1ms(500);break;
            }
        delay(100);
        }
    }
}
```

设计仿真结果如图 4-20 所示。

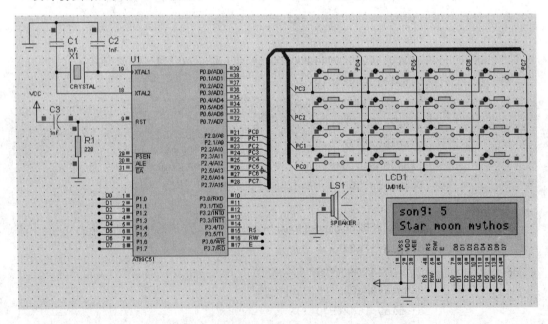

图 4-20　设计仿真结果

参 考 文 献

[1]　梅丽凤,王艳秋,汪毓铎. 单片机原理及接口技术[M]. 北京:清华大学出版社,2009.

[2]　蒋辉平,周国雄. 基于 Proteus 的单片机系统设计与仿真实例[M]. 北京:机械工业出版社,2009.

[3]　周润景,张丽娜. 基于 PROTEUS 的电路及单片机设计与仿真[M]. 北京:北京航空航天大学出版社,2009.

[4]　张迎新. 单片机原理及应用[M]. 北京:电子工业出版社,2004.

[5]　宋浩,田丰. 单片机原理及应用[M]. 北京:清华大学出版社,2005.

[6]　边莉,张起晶,黄耀群. 51 单片机基础与实例进阶[M]. 北京:清华大学出版社,2012.

[7]　陈立伟,王桐,徐贺. PIC 单片机基础与实例进阶[M]. 北京:清华大学出版社,2012.

[8]　金建设,于小海. 单片机系统及应用实验教程[M]. 北京:北京邮电大学出版社,2010.

[9]　杜文洁,王晓红. 单片机原理课程设计案例精编[M]. 北京:清华大学出版社,2012.

[10]　李珍,袁秀英. 单片机习题与实验教程[M]. 北京:北京航空航天大学出版社,2006.

[11]　李荣正,陈学军. PIC 单片机实验教程[M]. 北京:北京航空航天大学出版社,2006.

[12]　牛昱光. 单片机原理与接口技术[M]. 北京:电子工业出版社,2008.

[13]　张靖武,周灵彬. 单片机系统的 PROTEUS 设计与仿真[M]. 北京:电子工业出版社,2007.

[14]　胡伟,季晓衡. 单片机 C 程序设计及应用实例[M]. 北京:人民邮电出版社,2003.

[15]　秦晓梅,陈育斌. 单片机原理综合实验教程[M]. 大连:大连理工大学出版社,2004.